World Architecture

The Middle Ea:

U0155237

第 **5** 卷

中、近东

总 主 编：【美】K.弗兰姆普敦
副总主编：张钦楠
本卷主编：【美】H.U.汗

20 世纪
世界建筑精品
1000 件

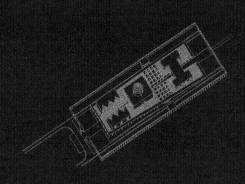

生活·讀書·新知 三联书店

20世纪世界建筑精品1000件
（1900—1999）

总主编：K. 弗兰姆普敦
副总主编：张钦楠

顾问委员会

萨拉·托佩尔森·德·格林堡，国际建筑师协会前主席

瓦西里·司戈泰斯，国际建筑师协会主席

叶如棠，中国建筑学会理事长

周干峙，中国建设部顾问、中国科学院院士

吴良镛，清华大学教授、中国科学院院士

周谊，中国出版协会科技出版委员会主任

刘慈慰，中国建筑工业出版社社长

编辑委员会

主任：K. 弗兰姆普敦，美国哥伦比亚大学教授

副主任：张钦楠，中国建筑学会副理事长

常务委员

J. 格鲁斯堡，阿根廷国家美术馆馆长

长岛孝一，日本建筑师、作家

刘开济，中国建筑学会副理事长

罗小未，同济大学教授

王伯扬，中国建筑工业出版社副总编辑

W. 王，德国建筑博物馆馆长

张祖刚，《建筑学报》主编

目　录

001… 　总导言 总主编 K. 弗兰姆普敦

005… 　综合评论 本卷主编 H. U. 汗

047… 　评选过程、准则及评论员的简介与评语

　　　　A. 阿尔－拉迪

　　　　G. 阿比德

　　　　S. 博兹多安

　　　　D. 迪巴

　　　　U. 库特曼

　　　　A. 尼灿－西夫坦

　　　　N. 拉巴特

057… 　项目评介

IIIIIIIIIII 　 1900—1919

060… 　1. 哈桑－阿伯特广场　不详

063… 　2. 埃米尔宫（改建为国家博物馆）　不详；

　　　重建设计者：M. 赖斯公司（英国伦敦）；M. 赖斯，

　　　A. 欧文以及卡塔尔公共工程处 A. A. 安萨里

068··· 3. 谢赫·扎非尔建筑群 *R. 阿龙科*

071··· 4. 中央邮政局 *V. 台克*

074··· 5. 希贾兹火车站 *D. 阿兰德*

076··· 6. 贾瓦姆·苏丹宅（现为玻璃陶瓷博物馆） *不详；再利用设计：H. 霍莱茵*

079··· 7. 瓦基夫汉尼四号楼 *K. 贝伊*

082··· 8. 火灾难民公寓 *K. 贝伊；复原工程：土耳其伊斯坦布尔建筑与城市规划公司；E. 埃顿加*

 |||||||||||| **1920—1939**

088··· 9. 阿尔贝特大学 *J. M. 威尔逊*

091··· 10. 阿色姆宫博物馆（改造） *M. 埃考夏德与文物局；S. 伊马姆负责后续工作*

094··· 11. 萨义德酋长府邸 *不详；复原工程：M. 马基亚事务所与市政府*

097··· 12. 港监总部办公楼 *J. M. 威尔逊，F. 伊文斯*

100··· 13. 洛克菲勒博物馆 *A. B. 哈里森*

103··· 14. 恩格尔公寓 *Z. 雷希特*

105··· 15. 伊朗巴斯坦博物馆 *A. 戈达，M. 西鲁*

108··· 16. 国会大厦 *不详*

111··· 17. 展览馆（改为国家歌剧院） *S. 巴蒙楚*

114··· 18. 王陵 *G. B. 库珀*

116··· 19. 肖肯住宅、办公室、图书馆 *E. 门德尔松*

119··· 20. 孤儿学校（现为技术学校） *V. 阿瓦内西安*

120··· 21. 国家博物馆 *M. 埃考夏德，H. 皮尔森*

123··· 22. 安卡拉大学人文系馆 *B. 陶特*

126··· 23. 马利延汗 *不详；复原工程：文物局；改变用途设计：*

国家建筑局 W. 马希尔

129… 24. 哈达萨大学医学中心 E. 门德尔松

134… 25. 水利局大厦 M. A. A. 哈亚特

136… 26. 圣乔治旅馆 J. 珀利尔, A. 洛特, G. 博德斯, A. 塔贝

139… 27. 土耳其大国民议会 C. 霍尔兹迈斯特

1940—1959

144… 28. 伊斯坦布尔大学科学与文学系馆 S. H. 埃尔旦,
E. 奥纳特

147… 29. 塔什勒克咖啡屋 S. H. 埃尔旦

149… 30. 火车站 威尔逊与梅森事务所

152… 31. 阿纳多卢俱乐部 T. 坎塞浮, A. 汉西

155… 32. 希尔顿酒店 SOM 事务所 G. 邦沙夫特, S. H. 埃尔旦

158… 33. 基督新教学院 M. 埃考夏德, C. 勒瑟

163… 34. 泛美大厦 G. 赖斯, T. 坎南, A. 萨拉姆

166… 35. 圣心医院 M. 埃考夏德, H. 埃台, 德·维莱达利,
P. 萨迪; L'ATBAT 事务所

169… 36. 腓尼基旅馆 E. D. 斯东, R. 埃里阿斯, F. 达格

171… 37. 希伯来大学犹太教堂 H. 劳, D. 雷兹尼克

174… 38. 美国大使馆 舍特、贾克森与古尔利事务所; J. L. 舍特

177… 39. 萨达姆·侯赛因体育馆 勒·柯布西耶, G. 普利桑特,
A. 曼斯尼

180… 40. 巴格达大学 协和事务所（TAC）; W. 格罗皮乌斯

185… 41. 市政厅 A. 诺伊曼, Z. 黑克尔, E. 夏隆

188… 42. 土耳其历史学会大楼 T. 坎塞浮, E. 叶纳

191… 43. 以色列博物馆 A. 曼斯菲尔德, D. 迦德, 等等（原方案,
1975 年后扩建）

1960—1979

198… 44. 胡拉法清真寺 *M. 马基亚*

200… 45. 中东理工大学 *B. 西尼契，A. 西尼契*

205… 46. 国防部综合楼 *A. 沃琴斯基，M. 安迪*

207… 47. 手工艺馆 *CETA 研究所；P. 尼玛，J. 阿拉克汀吉*

209… 48. 社会保障大楼 *S. H. 埃尔旦*

212… 49. 亚美尼亚沙基斯教堂 *M. 考特切克*

214… 50. 烟草专卖公司总部 *伊拉克咨询公司；R. 查迪吉*

217… 51. 疗养院（现为旅馆） *A. 夏隆与 E. 夏隆事务所*
（原设计及改扩建设计）

222… 52. 会议中心及旅馆 *R. 古特勒劳德，F. 奥托，H. 肯德尔，等等；*
奥雅纳设计公司

227… 53. 当代美术馆 *DAZ 建筑与规划事务所；K. 迪巴（原设计），*
A. J. 梅杰与 N. 阿达兰（扩展设计）

230… 54. 科威特水塔 *VBB 事务所；M. 布约恩，等等*

233… 55. 伊朗管理研究中心（现为伊玛目萨迪格大学） *曼荼罗*
事务所；N. 阿达兰

236… 56. 土耳其语言学会 *贝克塔斯参与性设计所；C. 贝克塔斯*

239… 57. 国民大会堂 *J. 伍重*

243… 58. 王储办公总部 *M. 马基亚事务所；M. 马基亚*

246… 59. 幼儿园 *赖斯与图坎事务所；G. 赖斯，J. 图坎*

249… 60. 西孚宫地区建筑群 *雷马·皮蒂拉，拉伊利·皮蒂拉*

254… 61. 舒什塔尔新城 *DAZ 建筑与规划事务所；K. 迪巴（主持），*
C. P. 萨贝瓦，等等

259… 62. 国家图书馆与文化中心 *协和事务所（TAC）*

262… 63. 大马士革大学建筑系馆 *M. B. 塔雅拉*

265··· 64. 阿卜杜勒·阿齐兹国王国际空港朝圣候机楼
SOM 事务所

269··· 65. 拉撒轮胎厂 *D. 特克里，S. 西萨*

272··· 66. 哈莱德国王国际空港 *HOK 事务所及某四人小组*

275··· 67. 市长办公楼 *H. 莫尼尔*

277··· 68. 洲际旅馆 *BTA 事务所*

282··· 69. 大清真寺 *M. 马基亚事务所*

285··· 70. 费萨尔国王基金会 *丹下健三；Urtec 事务所*

288··· 71. 希伯来联盟学院 *M. 塞夫迪事务所*

293··· 72. 国家商业银行 *SOM 事务所*

298··· 73. 阿塔拉医院 *海因勒；维舍事务所*

300··· 74. 加迪尔清真寺 *J. 马兹伦*

303··· 75. 耶尔穆克大学 *丹下健三事务所与 J. 图坎事务所*

306··· 76. 东塔皮奥特集合住宅 *Y. 雷希特，A. 雷希特*

 IIIIIIIIIIII *1980—1999*

312··· 77. 外交部 *H. 拉森*

317··· 78. 阿比·努瓦斯住宅开发 *普拉纳、斯科鲁普与耶斯佩森
事务所；A. 阿尔 – 拉迪，N. O. 艾哈迈德，P. 莫克*

320··· 79. 卡塔尔大学 *K. 卡夫拉维*

325··· 80. 伊拉克中央银行 *迪辛与威特林事务所*

328··· 81. 法兰西文化中心 *J. 乌布雷里，K. 卡拉乌卡杨，等等*

333··· 82. 金迪广场 *BEEAH 集团顾问事务所；A. 舒艾比（主持人），
A. R. 侯赛尼*

337··· 83. 螺旋公寓 *Z. 黑克尔事务所*

340··· 84. 国家博物馆 *克龙、哈廷与拉斯穆森事务所（KHRAS）；
K. 霍尔舍，S. 阿克塞尔松，等等*

345··· 85. 德米尔假日村 *T. 坎塞浮，E. 厄云，M. 厄云，F. 坎塞浮*

348··· 86. 霍梅尼大学工程系 *巴旺德事务所*

350··· 87. 乔尔发住宅区 *塔耶尔事务所*

353··· 88. 国民大会堂清真寺 *B. 西尼契，C. 西尼契*

356··· 89. 司法宫与清真寺 *S. 巴德朗事务所（sba）；R. 巴德朗*

361··· 90. 悬崖清真寺 *A. W. 厄·瓦基尔*

363··· 91. 法国大使馆 *建筑设计室*

368··· 92. 电讯公司总部 *A. 埃里克森事务所与 NORR 咨询师事务所*

370··· 93. 高等法院 *A. 卡米－梅拉梅德，R. 卡米*

375··· 94. 沙巴广场 *M. 孔努拉普*

378··· 95. 中央鱼肉、果品、蔬菜市场 *普拉纳、斯科鲁普与耶斯佩*
森事务所；A. 阿尔－拉迪，N. O. 艾哈迈德，P. 莫克

380··· 96. 迪拜博物馆 *M. 马基亚*

383··· 97. 商会 *日建设计；L. H. 布克尔*

385··· 98. 萨拉姆私宅 *G. 阿比德，F. 达格尔*

388··· 99. 迪克曼桥 *第 14 创作室*

393··· 100. 市政厅 *J. 图坎事务所；J. 图坎，S. 巴德朗*

397··· 本卷主编谢辞

401··· 总参考文献

409··· 英中建筑项目对照

415··· 后　记

总导言

总主编

K. 弗兰姆普敦

分区与提名的方法

难以想象有比试图对20世纪整个时期内遍布全球的建筑创作做一次批判性的剖析更为不明智的事了。这一看似胆大妄为之举，并不由于我们把世界切成十个巨大而多彩的地域——每个地域各占大片陆地，在社会、经济和技术发展的时间表和政治历史上各不相同——而稍为减轻。

可以证明，此项看似堂吉诃德式之举实为有理的一个因素是中华人民共和国的崛起。作为一个快速现代化的国家，多种迹象表明它不久将成为世界最大的后工业社会。这种崛起促使中国的出版机构为配合国际建筑师协会（UIA）于1999年6月在北京举行20世纪最后一次大会而宣布此项出版计划。

尽管此项百年评介之举的背后有着多种动机，做出编辑一套世界规模的精品集锦的决定可能最终出自两个因素：一是感到有必要把中国投入世界范围关于建筑学未来的辩论之中；二是以20世纪初外国建筑师来到上海为开端，经历了一个世纪多种多样又反反复复的折中主

K. 弗兰姆普敦
（Kenneth Frampton）
美国哥伦比亚大学建筑、规划、文物保护研究生院的威尔讲座教授。他是许多著名建筑理论的开创者和历史性著作的作者，其著作包括：*Modern Architecture: A Critical History* (London: Thames and Hudson, 1980, 1985, 1992, 2007) 和 *Studies in Tectonic Culture: The Poetics of Construction in Nineteenth and Twentieth Century Architecture*, edited by John Cava(Cambridge: MIT Press, 1995, 1996, 2001)等。

义之后，中国有重新振兴自己建筑文化的愿望。

在把世界划分为十个洲级地域后，我们的方法是为每一地域选择100项均衡分布在20世纪的典范建筑。原本的目标是每20年选20项，每一地域选100项重要作品，全球整个世纪选1000项。然而，由于在20世纪头25年内各国的现代化进程不同，在有的情况下需要把前20年的份额让出一半左右给后来的80年，从而承认当"现代时期"逐步降临时世界各地技术经济发展初始速度的差异。

十个洲级地域的划分如下：1.北美（加拿大和美国），2.中、南美（拉丁美洲），3.北欧、中欧、东欧（除地中海地区和俄罗斯以外的欧洲），4.环地中海地区，5.中东、近东，6.中、南非洲，7.俄罗斯–苏联–独联体，8.南亚（印度、巴基斯坦、孟加拉国等），9.东亚（中国、日本、朝鲜、韩国等），10.东南亚和大洋洲（包括澳大利亚、新西兰、塔斯马尼亚和其他太平洋岛屿）。

这一划分一旦取得一致，接下来就是为每一卷确定一位主编，其任务是监督建筑作品选择过程并撰写一篇综合评论，对本地区的建筑设计做一综述。这篇综合评论的目的除了作为对本地区建筑文化演变的总览之外，还期望对在评选过程中由于意见不同、疏忽或偶然原因而难以避免的失衡做些补救。评选由每卷聘请的五名至九名评论员进行，他们是建筑评论家或历史学家，每人提名100项典范作品，由主编进行综合后最后通过投票确定。

我个人的贡献可以视为在更广泛的范围内对这种人为的地理分割和其他由于这一程序所必然产生的问题

进行补救。然而，在进一步论述之前，我必须说一下在总的现代化过程中出现的有争议的现代建筑和似传统建筑之间的区别。后者承认现代化，但主张以某种措施考虑文化延续性和抵抗性，因此被视为"反动的"。这样，人们会发现各卷之间选择的项目在性质和组成上有甚大的不同，不论是在设计思想上，还是在表达时代的技术和社会特征方面。

在这传统和创新的演示之外，另一个波动是更难解释的同一时间和地点发生的不同建筑表达模式，它们不仅在强度上不同，而且作为一种文化势力或运动的存在时间也大相径庭。为了说明这种变化，我们可以芝加哥的草原风格为例。它从1871年的大火到1915年赖特设计的米德韦花园（Midway Gardens），是连续发展的，但其后这一地方性运动就失去了其劲头和方向；与此相反的是南加州家居发展的长得多的轨迹，它从1910年I. 吉尔设计的道奇住宅开始，到60年代洛杉矶的最后一座案例研究住宅为止，佳作延绵不断。同样，我们可以提到德国在1905年至1933年间特别丰产的时期，以及芬兰、捷克斯洛伐克同一时期的状况，其发展一直延续到第二次世界大战之前。人们也可注意到：这两个国家对激进现代建筑的培育离不开国家作为进步现代力量的概念。类似的意识形态上的民族文化轨迹在斯堪的纳维亚国家和荷兰的特定时期也可看到。

我们还可以看到与结构工程学相关的文化如何因时因地变化，在某个国家其技术潜力和优雅可塑达到特别高超的程度，而另一国家尽管掌握其普遍原理，却逊色甚多。于是，在1918年至1939年间的法国、瑞士、意大利、捷克斯洛伐克和西班牙可见到真正出色的结构工程文化，尤其是在钢筋混凝土领域，而英美国家在同一时期内却只有最实用主义的构筑形式。在英国，唯一的例外是工程师E. O. 威廉斯的工厂建筑和丹麦流亡工程师O. 阿鲁普的作品。在美国，混凝土领域的例外案例是巨大的水坝，特别是在田纳西河流域管理局以及在科罗拉多建造的巨石坝。

当然，在世界范围内，技术经济发展的速度是大为不同的，至今，还有前工业文化，乃至前农业、游牧、部落文化以这样那样的方式生存下来。同时，有组织的建筑产业连同建筑师职业实践在许多国家仅仅是第二次世界大战以后的事。这种前建筑师的建造文化，B. 鲁道夫斯基在他1963年出版的书中用了"没有建筑师的建筑"这一标题。今日在所谓"第三世界"中却出现了扭曲的反响，这里的许多大城市周围出现了自发移民的集合，自占的土地，没有足够的基础设施，也就是无水、无电、无污水处理等为人类密集居住场所保证健康生存所必需之物。对此，我们得承认一个严峻的事实，这就是即使在像美国这样的发达国家，每年建造量不足20%的部分才是由职业建筑师所设计的。

本卷主编
H. U. 汗

综合评论

以建筑表达特征——从殖民主义到多元论

出现在中东地区日新月异的建筑面貌表达出种种设计思想，呈现出多种倾向，然而在好多国家20世纪的建筑历程中可以看到有不少共同的特点。对中东地区的建筑产生最大影响的可以说是具有功能主义语言和理性主义工作步骤的现代建筑运动。

在20世纪的前半期，许多国家，不论曾经是殖民地，或者仅仅受到西方强国的影响，都对殖民主义进行反抗，强调民族的特征。那时，各国都出现了一股强烈的欲望要成为现代的国家，采取的途径尽管各个不同——有的采取民主方式，有的是仁慈的独裁方式，也有社会主义式的制度，或者是"开明"的君主政治——但几乎一致的是都偏向于现代建筑。现代建筑在有些国家中初次登场是在20世纪20年代，到五六十年代成为主流。国际主义建筑风格很快就融入了地方主义的形式，赋予了民族的或宗教的价值观。20世纪的后半期中，在探求"正宗"的文化特性表现的同时，还向历史追索，以求得在当代的建筑中建立起正统性的做法[1]。在

H. U. 汗
（Hasan-Uddin Khan）

自1994年9月起任麻省理工学院建筑系的访问副教授，1998年1月起任罗杰·威廉斯大学副教授，教设计课程并指导论文，当前的研究工作集中在20世纪的亚洲建筑、伊斯兰文化保护、反映不同文化艺术和建筑的表现，以及清真寺建筑。

1947年生于印度，是巴基斯坦和英国公民。1967年至1972年就读于英国建筑联盟学院（AA School of Architecture）。毕业后在英国从事建筑设计业务，后在卡拉奇设立了自己的事务所，设计有体育建筑群，其他公共建筑和住宅等。1979年至1991年在阿卡汗发展系统内从事多方面的工作，如曾任期刊 *Mimar: Architecture in Development* 的编辑，写了40余篇文章和编者语。起先他担任阿卡汗建筑奖的召集人，后又负责阿卡汗

机构在法国秘书处的建筑活动。曾管理伦敦的扎马纳艺术馆（Zamana Gallery），也协助建立日内瓦的阿卡汗文化基金会。

这方面，宗教也参与并担任一个角色。随着经济和文化的全球化，在20世纪的末期可以在建成环境中看到更多的多元化和折中主义思想的表现。

本卷所述的中东地区是指除了埃及等北非国家的地中海以东的部分，主要包含阿拉伯国家，也包括属于这一地区并与这一地区长期有着历史联系的非阿拉伯国家，如土耳其、伊朗和以色列。在地理、政治、历史等不同的领域中，这一地区也常被称为西亚或近东。当今这一地区所涉及的主权国家有：巴林、伊朗、伊拉克、以色列、约旦、科威特、黎巴嫩、阿曼、巴勒斯坦、卡塔尔、沙特阿拉伯、叙利亚、土耳其、阿拉伯联合酋长国、也门等[2]。

中东地区各国有着丰富多彩的历史。世界上的一神教——犹太教、基督教和伊斯兰教都非凡地发源于这一地区。在耶路撒冷，7世纪的岩石圆顶寺（阿拉伯人称为"Qubbat al-Sakhra"，图1），对于这三种宗教都十分重要。其他如16世纪伊斯坦布尔的西奈所建的奥斯曼建筑既是这一特定民族于特定地方和时期的文化遗产，也是人类文明的遗产。奥斯曼帝国以及18世纪早期以来的英国和法国，在地中海东部地区产生着巨大影响。由于奥斯曼帝国的解体，才形成这一地区内目前的政治格局。很多国家过去还是相对贫困的，大多数人民的生活水平较低。各国独立以后曾大力奋斗，以期在现代化的世界中求得生存和争取自我的地位，这些力量原本可以用在发展方面。自20世纪60年代以来，这些国家石油产量丰富，因而在许多方面有了大规模的经济发展。在政治和文化方面，这些国家有着剧变和中断——有的由

1 耶路撒冷。图右为岩石圆顶寺，图左为阿克萨清真寺

照片由阿卡汗文化基金会/AKAA/J. 贝唐提供

于争取独立而诞生，有的蜕变成不同的国家，有的合并成了一个或分成若干个新的国家。不论情况如何，在这一时期中，过去的传统总是存在着，经常为人们所采用，或加以新的诠释。

在这有限的篇幅中，要对这一地区复杂的发展情况做一真实而完整的叙述是不可能的。因此，我采用实例来说明主要的倾向和问题，视野集中在形成这一地区建筑的历史性或建筑性时刻。我从若干历史的和具有主题性的观点出发，挑选了某些当代的思想、方案和人物来论述。

选择100项公认的作品作为这个地区和时期的"欣赏偶像"，这种做法很具吸引力，但也是困难的。选或不选总是根据一种个人的判断。而且，自20世纪70年代以来，由于缺乏评判标准，取舍更为困难。地区内发展不平衡也对选取有所影响。举例来说，20世纪的前半叶相当显著的非本土风格建筑在这些国家中并不多见，主要在土耳其、伊朗、伊拉克、以色列和叙利亚才有。贝鲁特这座"自由"城市兴旺于20世纪60年代（图2）；在70年代石油繁荣时期，像沙特阿拉伯、科威特和阿拉伯联合酋长国等都进行了前所未有的大规模建设，直至进入90年代才开始逐渐减少（图3）。很快，人们就了解要在这一地区内的建筑方面取得政治上"正确的"平衡是一个不可能实现的目标。本卷将建筑按20年为一期来划分时代，如1900年至1919年、1920年至1939年等。当然，无论用划分时代的方法还是用分国家的方法将每一国家的作品按一定比例来排列，都无法展现综合的全貌。在本卷中，评论员、顾问以及作为本卷主编的本人

2 20世纪60年代的贝鲁特，中东地区的国际城市。前景中沿滨河路最突出的两栋建筑为旅馆

3 20世纪80年代的吉达。背景为SOM事务所设计的国家商业银行

照片由 AKAA/P. 马勒舒提供

共同在选择建筑作品时力求在政治、文化以及建筑特征等方面谋求平衡。尽管有此平衡的目标，但所有被推荐的建筑物都是建成的，同时也都是著名的作品。我们没有选未建的设计方案。至于作品的大小，从我认为的建筑尺度出发，而不是从城市的尺度考虑。因此，我介绍了建筑群体，而重要的住房或城镇开发的实例，如20世纪20年代特拉维夫的白城就没有选入，虽然其中的个别建筑物已被推荐并选入。本卷所选的，我认为是典范的作品，但是，一些重要的建筑物漏列是不可避免的。

认识到了建筑遗产的意义，人们在好多地方保存了一些历史性的纪念建筑和居住区。例如，耶路撒冷的阿克萨清真寺（1970—1983年），伊朗伊斯法罕省内17世纪的阿里加普宫、四十柱宫和哈希特·贝黑希特王宫（又译"八座天堂"）在1964年至1977年被修复。这些文化方面的工作对于保持历史的延续性至关重要，可是我们并没有把它们选进本卷，因为它们在本质上属于历史而不是20世纪。推荐人和我对这一条规定略做了些调整，例如某一全毁了的建筑如得到重建而非仅仅保存或复原的则予以收入。这样的例子有：迪拜的萨义德酋长府邸（约建于1926年）在1984年至1995年由M. 马基亚为市政府修复并用作博物馆；位于卡塔尔首都多哈的国家博物馆，由M. 赖斯（Michael Rice）设计，落成于1975年。

在我们这个时期内还建有不少乡土房屋，表面上反映出没有时间性的建筑传统。这些建筑是珍贵的，是当地社区重要的标识，但是只有极少实例入选，理由是因为它们在表现建筑传统上并不典型。

在中东地区只有极少妇女从事建筑业务，做出优秀成就的也不过是20世纪后半叶内的事。希望她们的作品能在21世纪内登上应有的卓越地位。在本卷内，被推荐提名的只有四项作品是由女性建筑师担任主要设计。

中东地区的建筑思想和实践中体现出来的延续和中断只是这一时期建筑的部分写照，仅是若干片断，用以在总体上揭示其文化丰富的多样性。这样，建筑精品就确实给整个背景赋予了恰当和良好的意义。

4 议院——显示法国影响
　德黑兰，约1935年
　建筑师：H. 吉埃

摘自老明信片

从殖民统治和帝国统治中脱颖而出：最早的20年

如果说较远的过去影响了中东地区当代社会历史遗产的形成，那么，20世纪的建筑主要由较近的过去和19世纪开拓殖民地和工业化所限定。殖民地引进了地方和地区的机构及制度，使新旧之间形成对立的状态。中东地区的殖民者有土耳其人、英国人和法国人，他们的目的和方法各不相同（图4）。殖民者和当地居民在建筑和规划方面的关系不仅仅体现在不同的建筑风格，其中还常包含着对于当地建筑原理的理解和运用。

同盟国在第一次世界大战之后强行瓦解了奥斯曼帝国，同时由于民族主义运动的高涨，其他殖民者的势力也遭到削弱。在阿拉伯、伊朗、犹太和土耳其文化的诸多领域中唤起了一轮新的政治觉醒。他们开始将各自政治斗争中产生的新兴的民族意识注入建筑中去，在某些情况下就兴起了"民族形式"。当地的各种建筑与欧洲建筑之间的关联一直保持着，但是一般都认为欧洲的建筑语言比较"进步",因而人们对欧式建筑比对土生土长的具有地区性特征的建筑更感到需要。

建筑设计,由于其训练出自高等院校教育并为显贵的主顾所需,加上它与国际上的联系、新型的建筑类型迭出,同时还关系到城市问题,于是在各国独立之后就成为少数上流人士密切关注的一项事业。西方的影响使人们认为在发展模式中就是要有各种新的建筑类型。然而,大部分的建筑物还是沿着"没有建筑师的建筑"[3]这条道路进行建造的,都是根据当地世世代代传下来的传统、材料和方法建造,然而却为新的上流社会所不齿。

英国人对于东方,特别是对埃及和地中海东部各国的态度是自认为在知识和权力上至高无上。A. 萨义德在他重要的著作《东方学》中认为这种态度在对待这一地区的关系中起主宰作用;他还肯定地说:"地理学过去在本质上是关于东方知识的基础材料。"[4]这一政治论点也体现在西方一些博览会的建筑上,如1851年的大英博览会(图5)、1889年的法国环球博览会和1931年的殖民地博览会。博览会的展示描述出"外面的"奇异世界,也提醒人们:对于那里的社会落后、退化和不平等现象,帝国主义一直在起着"开化"的作用。对于阿拉伯世界,这一点尤为真实,因为欧洲人常把伊斯兰看作是与具有基督教价值观的西方相对抗的[5]。这种论调直到今天在一些文章中还在继续,习惯于把几个一神教分列成不同阵营,如S. 亨廷顿(Samuel Huntington)在1993年一篇题为《文明的冲突》的文章中把伊斯兰描述为"另类"[6]。因此,阿拉伯世界就开始通过政治领域来确立自我,采用"泛阿拉伯"这一提法(由1945年成立

5 大英博览会土耳其馆——富有异
　国风情
　1851 年

照片由麻省理工学院罗彻视觉艺术
馆提供

的阿拉伯国家联盟提出），或者称为代表整个宗教社会的伊斯兰，都是为了明确自己的身份、地位。这一点是毋庸惊奇的。这种明确自我的方式也在艺术上、服装上和建筑上采取文化的表现，这种表现的基础在于要有所区别。

6 奥斯曼帝国公债管理局大厦——
  东方性的表现
  伊斯坦布尔，1899 年
  建筑师：A. 伐劳里

照片由中东理工大学（METU）档案馆提供

　　20世纪初期在这一地区影响力最大的势力是奥斯曼帝国，它在17世纪时就开始对欧洲大部分地区和中东地区实行统治。到19世纪早期，欧洲反过来对帝国产生着明显的影响，特别是在官僚机构组织和司法制度方面，还有在文理专科院校的设立上，帝国都受到欧洲的影响。因此在20世纪的初叶，土耳其建造公共建筑，为体现"新秩序"而采用欧洲的新古典主义，就无可惊讶了。"以当代的建造技术和欧洲风格来训练土耳其建筑师早在1801年就开始了……1882年在伊斯坦布尔建立美术学院时设置了一整套建筑学课程计划……该学院成为传播法国艺术和建筑风格及思想的中心。另一方面，土木工程学院……受到德国的影响。"[7]从德国和其他地方来的建筑师以"东方"外貌的建筑物影响着土耳其的建设环境（这类"东方化"的处理手法在其他地方，如伊拉克、伊朗、巴勒斯坦都可见到）。这方面值得一提的有 A. 伐劳里（Alexandre Vallaury）在伊斯坦布尔设计的房屋，如奥斯曼帝国公债管理局大厦（1899年，图6）。奥斯曼帝国在19世纪后期开始瓦解，到1877年至1878年的俄土战争时，情况更不稳定。从这一时期以后，受西方教育的中产阶级就支持土耳其的民族主义，从而导致1923年在 M. K. 阿塔图尔克（Mustafa Kemal Atatürk）领导下建立了新的土耳其共和国。

7 人民共和党总部
安卡拉，1926 年

照片由 METU 档案馆提供

进入20世纪后，土耳其有一批在以西方建筑为基础的设计行业中训练出来的当地设计师开始了他们的业务。K. 贝伊（1870—1927年）被认为是第一民族建筑运动的创始人，这个运动是1912年提出的。他先在伊斯坦布尔跟随耶克蒙德学艺，后来到柏林学习了两年。另一先驱建筑师是师从法国的V. 台克（1873—1942年）。他们根据土耳其伊斯兰建筑的要素，整理出一套建筑原则，这些原则都符合理论家Z. 格卡尔普等所传播的民族主义思想意识。"因此，土耳其的现代化从此就基于吸收欧洲的文化而同时又保持着土耳其特性和伊斯兰宗教。"[8]下面的实例充分反映了欧洲建筑和土耳其建筑的这种结合：由V. 台克设计的位于伊斯坦布尔的锡尔凯利中央邮政局（1909年）和位于安卡拉的乌卢斯人民共和党总部（1926年，图7），由K. 贝伊设计的位于伊斯坦布尔的瓦基夫汉尼四号楼（1911—1926年）。当安卡拉被定为首都时，第一民族建筑运动或称为第一民族建筑风格已经独领风骚。

现代主义对独立和民族主义的影响：20世纪20年代至40年代后期

20世纪20年代，英国和法国在中东地区施加巨大的影响，例如英国的托管地巴勒斯坦和黎凡特（地中海东部诸国及岛屿的通称——译者注），法国的托管地叙利亚。新的国家按照西方模式建起自己的独立政权，如土耳其（1923年）、伊朗（1925年）、伊拉克（1932年）以及以色列（1948年）。"在中东，有如其他地方一样，国家总是在一定时期的条件下组成，这一时期要求人民自己认为是，而且往往也参与作为社会各方面的一分子，有些是种族社会，有的是地方的或者是宗教的社团；有的规模较大，例如泛阿拉伯、泛土耳其、犹太复国主义或是泛伊斯兰。"[9]有人可以辩称，在20世纪早期，即使在以农业人口为主、与外界没有多少接触的国家，城市化与国际性观念也已经开端。1917年的俄国革命以及随后的社会主义建设也对现代化和公平思想产生影响，这些，首先都集中发生在城市。

值得一提的是，"现代"这一词用于装饰社会，它的意思是给社会以种种必需设施，以区别这是工业前的，还是工业化的或者是工业后的城镇。A. 金（Anthony King）曾经指出，这些形式在今天能够（在一处）同时并存。他进一步说现代亚洲城市"通常是依靠特定的能源，具有先进的运输和通信系统、繁复的政府和管理体系、'高科技'的建造环境，整个由资本主义工业城市先进形式所支撑"[10]。即使在社会主义国家，或者是君主制国家，其国家的形式和组织也有惊人的相似之处。我强调这一点是作为20世纪早期以来这一地区建筑发展的时代背景。

不论是新城市，还是经历前所未有建设规模的城市；不论是首都，还是卫星城镇，都按照现代主义的原则规划，包括区划管理的概念、房屋类型、建设用地与绿地的关系以及工业化的设施。所有这些因素中至关重要的是道路、铁路以及其他如电话等通信方式的规划。各国往往为了表达独立的精神而建造行政的和象征性的新中心（体形上与传统的或殖民地的建筑形式脱离）。

虽然建造城市费用昂贵，独立后的国家却有大量新的城市建设，这里只略提两处：安卡拉在1928年至1932年，科威特城在20世纪70年代到80年代都有大规模城市建设。

国家有需要建造一批新建筑作为表现国家或集体的精神象征。各国政府多有要求建设诸如议会厅、清真寺、法院、航空港、旅馆等各种公共建筑，借以树立形象，表达地方性、现代性或伊斯兰的特性。在伊斯兰世界，国家清真寺是最具象征意义的建筑[11]。

欧洲建筑中表达的新思想，受到技术和材料的推动，在这一地区蓬勃发展。包豪斯、现代建筑运动以及国际式建筑的原则[12]在这一地区已为人们接受。现代建筑被认为是与殖民主义无关，甚至与更远的过去没有联系的一种建筑，这就符合新国家的愿望。当地的建筑师很快就接受了它并使之适应当地的气候条件和经济条件。在这方面，外来的建筑师反而做得差一些。

然而，外国建筑师也有例外，M. 埃考夏德（Michael Ecochard, 1905—1985年）就是其中之一。1930年，他开始在大马士革的工程局工作，当时叙利亚是法国的托管地。后来他从事修复工程，完成了对位于巴尔米拉的贝勒神庙和巴士拉清真寺的复原工作。他曾把遭战火炸毁的大马士革阿色姆宫（1922—1955年）改建为一所博物馆，并在其旁加建一座现代住宅。他称这一改建工作是"将一幢建筑在原来平面上和形象上赋予新生命的一种尝试"。1936年，他担任摩洛哥的城市规划师，后来还在北非和中东其他国家工作过，主要是在黎巴嫩和科威特。他在黎巴嫩的工作也很突出——对贝鲁特的规划使得该城市具有良好的形态。他设计的建筑，例如若干学校以及与H. 埃台合作的圣心医院（1955—1956年）等，都得到好评。埃考夏德吸收了国际现代建筑协会（CIAM）1933年通过的《雅典宪章》和现代建筑运动的原则，将其应用到他的设计中。比起其他许多外国建筑师来，他更懂得如何使用地方材料和采用当地常用的色彩。

8 1981 年的巴格达——基本上是
  低层建筑，高层才开始出现

照片由 H. U. 汗提供

20世纪的伊拉克建筑风格概括地体现在首都巴格达的建设发展中。巴格达是一座古老城市，始建于公元前762年，历经沧桑却巍然无恙，直至1258年沦于蒙古人之手。今天，城市肌理的绝大部分是19世纪奥斯曼帝国时期的产物，房屋主要是砖、木结构，现在还遗留下许多带有内院的多层传统巴格达式房屋（图8）。巴格达省总督米德哈特帕夏，在他短短的任期（1869—1872年）内留下了许多现代市政设施、道路和建筑物，其中有壮观的萨拉伊大楼和古什拉钟塔（均建于1869年）。

1915年建造连接巴格达和欧洲的德土铁路，同时引入了新材料和新的建筑技术，应用了钢构架。1917年英国占领伊拉克，带来了新的建筑，如J. M. 威尔逊（1887—1965年）、H. C. 梅森（1892—1960年）等人的作品，特别是威尔逊在巴格达的阿尔贝特大学（1921—1924年）和巴士拉空港建筑（1931年，图9）。这些古典式建筑受E. 勒琴斯在印度的作品影响，并注意到了地方传统。在20世纪的前30年中，英国建筑师设计了绝大多数的伊拉克公共建筑，却都是由当地的营造商和工人建造的。在英国人设计的众多主要的公共建筑中，在巴士拉有S. 布朗利格和透纳设计的曼德将军纪念医院（1921年）和空港（1931年）；在巴格达有G. B. 库珀设

9 巴士拉空港建筑（水彩画）——
  当时引入该地区的新建筑类型
  1931 年
  建筑师：J. M. 威尔逊

图片由威尔逊与梅森事务所提供

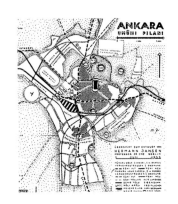

10 安卡拉总体规划
　　1932 年
　　规划师：H. 詹森

图片由 METU 档案馆提供

计的王陵（1933—1936 年），另一杰作要数威尔逊和梅森的巴格达火车站（1947—1951 年）。

　　伊拉克在经过阿拉伯人的反抗斗争之后，于 1921 年成立王国，但是仍为英国的托管地，直到 1932 年才获得完全的独立。1927 年在基尔库克发现石油。伊拉克依靠出口石油在 20 世纪 30 年代中已有了惊人的现代化发展。

　　土耳其决心要成为现代化国家。为显示这一宏图，政府表示对一些如红毡帽或白纱之类的习俗象征不加赞同。通过新兴的民族资产阶级反复宣扬共和国理想，不论在意识形态方面或者在形象上，这个国家都有了实质性的变化，从而改变了奥斯曼帝国遗留的一切。这一精神也在城市和建筑的现代性方面表现出来。举例来说，土耳其政府将首都从伊斯坦布尔（君士坦丁堡）这一伟大的古老城市迁到安卡拉；邀请德国建筑师 H. 詹森在 1928 年制定首都的总体规划（图 10）。

　　从 20 世纪 20 年代后期到 30 年代，有一些维也纳学派的欧洲建筑师，如 T. 波斯特、E. 埃格利、C. 霍尔兹迈斯特以及 H. 詹森，来到了土耳其。他们和土耳其建筑师们一起创立了第一民族建筑风格，其特征是对称、高耸的拱窗、深远出檐的铺瓦坡屋顶。这一形式在安卡拉的优秀实例有：H. 贝伊的第一座国民大会堂（1917—1923 年，图 11）、K. 贝伊和 V. 台克合作的帕拉斯旅馆（1924—1927 年）。另一例是意大利移民 G. 蒙格里设计建在安卡拉的乌卢斯的伊斯银行总部（1926—1928 年，图 12）。对当时建筑蓬勃发展具有讽刺意味的实例是霍尔兹迈斯特在 1938 年设计的大国民议会，它要到 1960 年才付之实现。

11 国民大会堂——为土耳其第一
　　民族建筑风格的良好实例
　　安卡拉，乌卢斯，1917—1923 年
　　建筑师：H. 贝伊

照片由 METU 档案馆提供

这些建筑师推进了现代主义理论的传播，这一风格持续到20世纪60年代还仍然是土耳其建筑的主流。1931年，C. E. 阿尔塞文写了第一部以土耳其文写成的关于现代建筑的书，名为《新建筑》。从很早开始，土耳其建筑师就参加了建筑师之间的国际会议，例如有多位出席了1948年在瑞士洛桑召开的国际建筑师协会（UIA）的第一次大会。此外，苏联建筑和意大利法西斯建筑对其也具有影响，如1943年在土耳其举办的德国建筑展览会中就有所展示。到40年代，土耳其建筑师在他们多方面建筑探索中注入民族性的思考。土耳其成功地重塑了自己的形象，成为邻国特别是伊斯兰国家的楷模。

12 伊斯银行总部
   安卡拉，乌卢斯，1926—1928 年
   建筑师：G. 蒙格里

照片由 METU 档案馆提供

在伊朗，恺加王朝（1794—1925年）以强调什叶派的波斯精神来保持其凝聚力。代代相传的伊斯兰建筑构成统一的景象，西方的影响微乎其微。在20世纪之前，主要的公共建筑全是宗教建筑——陵墓、神坛，最多的是清真寺。这些建筑是恺加居住社区的中心，居住房屋多为砖砌，形成城市肌理，延续为传统。

波斯上层精英人士去欧洲旅行之后，开始引入欧洲帕拉第奥式别墅。一些传统的特点如被称为哈希底（hashti）的八角形过渡空间被改掉，在室内装上了浴室和燃烧煤油的取暖设备。19世纪建造在德黑兰的王家城堡或许是伊朗第一幢采用欧洲形式的建筑。埃马拉宫是五层楼房（图13），用以接待各国使节。钢铁、混凝土改变了建筑面貌，新的住宅如行列式房屋亦开始出现。波斯成为西方人研究的热点，这可以在许多学者的著作中得到明证，尤其是美国的 A. U. 波普[13]。

13 埃马拉宫——吸收了欧洲的形
   象和规划手法
   德黑兰，1868 年

摘自老明信片

20世纪初，在伊朗就有对统治者的不满情绪和行动，引发1905年至1911年的"宪政革命"，英、俄两国也发兵支持。1921年，一场不流血政变之后，礼萨沙（沙为伊朗国王之称号——译者注）成立一个共和国，提出了国家建设和现代化的计划。他组建了一个强有力的集权政府，在现代化的进程中，他效法M. K. 阿塔图尔克朝着世俗化方向进发，认为宗教阻碍着进步。在礼萨沙的领导下，伊朗也起步建设现代化国家。19世纪后期恺加王朝时传统伊斯兰教义和形而上学的思想，随着新的经济和政治的要求，让位于引进的西方科学和理性思想。然而，与M. K. 阿塔图尔克不同的是，礼萨沙不仅维护了君主制（他于1925年加冕为国王），并且也利用了历史。建筑方面，通过对古都苏萨和波斯波利斯的最新发掘，他呼唤起对于古代阿契美尼德王朝辉煌历史的复兴意识。他还开始进行大规模的城市建设，同时也拆毁了伊斯兰过去的象征，如德黑兰的城墙和12座城门（1932年至1937年）。城堡内许多房屋都加以重建。M. 马雷法特指出："将城堡的墙拆掉，意味着大众都能够到达政府各部，礼萨沙推行的是官吏行政的民主化。"[14]

首都德黑兰是以建设来显示民族主义和世俗主义意愿的一个范例。城市的规划是在密集的老区格局上布置一方格网的道路系统，车辆与行人交通分隔。这一系统改变了尺度，对新的运输工具和多层公寓都留有余地，规划师视新建的广场为轴线布局的焦点所在，也是现代性的象征。因而，广场就远离了它原来作为居民活动中心的意义。

建筑也随着外国建筑师的到来而有所改变。最早来此的有法国建筑师 A. 戈达（1881—1965 年）和 M. 西鲁（1907—1975 年）。他们刚来时从事考古工作，不久便开始设计房屋。西鲁修复了若干历史建筑，还设计了一批适应当地气候和习俗、采用当地材料的学校。戈达任国家博物馆的第一任馆长（1929—1936 年），他还是博物馆的建筑师，在 1934 年，他规划了伊朗第一所按西方模式建造的德黑兰大学；西鲁设计了该大学的医学院。戈达虽然建造了不少房屋，不过他更重要的身份也许是一位教育家。随后其他一些理性的现代作品相继问世，如 R. 杜勃莱耶和 M. 福禄奇（1907—1982 年）设计的美术学院。其他作为先驱的建筑师还有来自圣彼得堡的 N. 马可夫（1882—1957 年），他引入了平板玻璃和钢框架结构。他设计的建筑包括一些教堂以及与 M. 福禄奇、K. 萨法尔（1910 年生）合作在德黑兰设计的梅利银行（约 1928 年，图 14）。该建筑采用源自传统宫殿带有圆齿状的屋顶，也运用一些拜火教的符号，如阿胡拉之鹰。马可夫在设计凯旋门（约 1930 年）时再度参照阿契美尼德王朝的建筑。

14 梅利银行——参照土耳其第一民族建筑风格时代的现代类型
德黑兰，约 1928 年
建筑师：N. 马可夫等

照片由 M. 马雷法特提供

20 世纪 30 年代中期，伊朗开始有了立方体形态的建筑、新兴材料，还有用立柱架空底层的楼房，进入了现代主义。1928 年曾任国际现代建筑协会第一次大会秘书长的奥地利建筑师 G. 盖夫雷基安（1900—1970 年）于 30 年代中期来到伊朗工作。他设计的外交、司法和工业等各部的大楼（图 15）以及德黑兰剧院等新建筑都建于 1934 年至 1937 年。当地的建筑师有的从国外留学回国，有的出身于新成立的建筑学院，要是以这一时期的作品性质来考虑，其中从伊朗大不里士来的亚美

15 工业部大楼
德黑兰，1936 年
建筑师：G. 盖夫雷基安

尼亚人 V. 阿瓦内西安（1896—1982年）也许是最有表达力而丰产的一位[15]。他所设计的建在萨达巴德的礼萨沙宫，以及德黑兰的公寓楼和电影院等都具有他所探求的特色。参与礼萨沙建设计划的第一位当地建筑师是 M. 福禄奇。他留学法国，1936年回伊朗，为德黑兰大学设计了一批建筑。这一时期另一位杰出的建筑师是留学伦敦建筑协会的 K. 萨法尔，他从20世纪30年代中期以后建了不少公共建筑。

自1921年以后，国家委托了许多建筑设计项目。美术学院在30年代就颁发建筑硕士学位。礼萨沙于1941年退位，其子 M. 礼萨自封为沙，在1979年前的在位期中，他继续推行世俗的现代主义。建筑师，作为有别于传统工匠的一项职业，终于成为现实。由建筑师 I. 莫希里创办的期刊 *Architecte* 在1937年创刊；十年后，成立伊朗建筑师协会。

土耳其与伊两国，处于以阿拉伯国家为主的地区内，以色列也是如此。19世纪末，第一批来到这一片应许之地（指《圣经》所称上帝赐给以色列祖先的土地，位于迦南——译者注）的以色列人都来自世界各处犹太人聚居地，他们没有共同的根，也缺乏共同的建筑。他们大多是欧洲人，主要具有社会主义思想，为树立自我而斗争成为首要大事，远远超过其他任何事务。关于建筑，他们起初采用当地阿拉伯的建造传统——一种东方历史性折中主义的形式。巴勒斯坦在1917年起受英国管辖，这一地区早期的建筑反映了英帝国的一套做法，虽然建筑规模要比英国在印度所建的都要小。由英国人引进的城市规划和营造法规仍是巴勒斯坦建设的基础。以政治力量组织起来的犹太复国主义者、社区组织，在20世纪早期的几十年内努力推进社会改革，提高现代性。"20年代至30年代中，现代主义和复国主义这两个运动一直在思考着各自最终的形式。二者最后都转化成为一种官方的说法，把它们说成是形成国家不可或缺的精神。"[16]

16 20世纪30年代的特拉维夫白城——显示包豪斯影响

照片由耶路撒冷犹太民族文化中心档案馆提供

随着诸如E.门德尔松（1887—1953年）、A.夏隆（1902—1984年）和Z.雷希特（1899—1960年）等人移居以色列，德国的现代建筑和包豪斯对于正在茁壮成长的以色列产生了极大影响。"后两位来自东欧，是具有影响的特拉维夫·查克的创始人，那是一个带有现代主义和社会主义形式的犹太复国主义团体。那时，各种政治主张的人都对国际式认可，因此，整个30年代现代主义已成为复国主义者各项工程视觉形象的模子。"[17]基布兹（以色列的一种集体居民点——译者注）在规划集体住房时也采用形式与功能相结合的设计手法。

有一些建筑师如J.诺伊菲尔德和C.鲁宾，持有地域主义观点，提倡所谓"包豪斯本土"的式样，在好多住房工程中有所表现，如特拉维夫的现代派的白城（图16）。这些建筑不仅根据勒·柯布西耶的"五要点"来设计，还采用适应气候需要的构件，如出挑阳台、遮阳帘板和石料等。来自世界各地的犹太人，整体来说他们并没有对某一地方有特别的感情牵连，也许这是他们比较容易接受现代派的原因。

E.门德尔松是以色列早期最著名的现代建筑师，他在以色列的作品相比他原先的建筑风格有所改变。他尊重地区的习俗，采用石料等地方材料，注重气候条

17 魏茨曼住宅（草图）——表示
住宅与自然的关系
巴勒斯坦，雷霍博斯，1936—
1937 年
建筑师：E. 门德尔松

图片由柏林门德尔松档案馆提供

件，还试图在阿拉伯人和复国主义者的精神信仰之间寻求和平相处。他也面向地中海地区寻求建筑灵感。这在20世纪40年代至50年代成为交流倾向。E. 门德尔松在1938年取得英国国籍，他有意担任英国的托管地巴勒斯坦的总规划师，可惜未能如愿（这次失意，再加之他对犹太复国主义者的目的深感不安，也许就是导致他决心于1941年移居美国的原因）。他在以色列设计的许多建筑——从私人住宅（图17）到学校和医院等——都是对20世纪建筑的重要贡献。

这一地区内的阿拉伯居民也在努力探求东方殖民地建筑的形式，也有以当地民居为参考的。然而，最终也还是追随了现代主义建筑[18]。

巴勒斯坦的闪米特犹太复国主义，使阿拉伯居民和犹太居民之间产生了裂隙，导致了20世纪30年代的暴力事件。以色列的冲突"主要是由于，在它成立的起初30年中，它与阿拉伯居民的关系几乎完全是用武力和以武力威胁来处理的"[19]。延至以后的岁月都用这种行动模式，不论是真有原因或者仅是从假想的原因出发。

自1948年成立国家以来，以色列人口在五年内增长三倍，从65万人增加至180万人，住房成了头等要事，其建设量占总量的约85%。居住区规划也属优先考虑。著名规划家H. 拉奥在这一时期设计了好多城市，但是以色列人只能部分按照规划来建设这些城市，原因是受制于高速度的开发。

地区性和特色的表现——20世纪50年代至70年代后期

第二次世界大战以后，许多新独立的国家依靠西方的技术和投资，发展模式都从西方现代的形象出发。新的建筑类型，不论是空港、医院，还是多层带空调的住房，其设计俱来自国外。"在工业国家和工业化过程中的国家之间进行交易时，设计和建造房屋的方式也有着冲突。现代的建筑早已明确在建筑师、制造商、工程师和营造工人之间各有分工，但在许多'欠发达'国家中……与千百年古老的工匠传统立即起了分歧，传统的工艺对处理地方建材有特定的方法。"[20]独立还激起要跻身于"发达"国家国际大家庭中的迫切愿望。好多中东国家运用欧洲或北美国际主义的建筑模式来设计他们的新建筑，有的对他们来说还是新的类型。一个佳例是O.尼迈耶为的黎波里国际博览会设计的建筑（图18），1962年至1975年部分建于贝鲁特。

对过去重加审视，创作新的建筑形式，这样的思想观念在很多方面与民族独立并驾齐驱。20世纪40年代，许多新独立的国家接受现代建筑，认为它最能反映新时期与平等思想。这些国家的建筑师认为现代建筑包含着为所有人服务的社会动力，认为现代建筑依靠大量生产有可能做到这点。同时，他们与早先西方学者迥然不同，对历史做新的诠释。这一地区的人民开始仔细观察地理条件，注意到地中海东部诸国的历史透露出一种阿拉伯人和犹太人共有的文化[21]。这些A.贝奈迪克特称之为"想象中的共同点"指引着建立起部分的阿拉伯共同

18 的黎波里国际博览会——反映国际风格的新建筑类型
贝鲁特，1962—1975年
建筑师：O.尼迈耶，D.A.汉达萨，N.塔里布事务所

照片由建筑师提供

19 胡拜尔城——沙特阿拉伯第一个"合理"的有影响的新镇规划（约1948年），由G.坎迪利斯在1974年进一步规范化

图片由 S. 哈什鲁尔提供

市场（1965年）和成立了海湾合作会议（GCC）。但是，由于以色列在1967年占领约旦河西岸地区和爆发中东冲突，阿拉伯人仍然分崩离析，分为若干政治派系。1978年《戴维营协议》和翌年的《以埃和平条约》以艰难的步伐稳定局势，这个情况至今仍然如此。

现代城市规划法规对于中东地区城市的成长和品质有着明显的影响。有的是根据英、法等国的法规，有的完全是由当地制定的。大都市人口以前所未有的速度增长，重新塑造了城市居民区[22]。殖民城市一般都靠近较古旧的历史城市发展，如贝鲁特、海法、亚丁和吉达。新的城市规划用各种方式将城市中居民区的各个部分合而为一，中间以主要道路连接。例如，1971年佐克西亚季斯的"利雅得规划"；G. 坎迪利斯在1974年为阿美石油公司制定的"达曼规划"和达赫兰市的"胡拜尔城规划"（图19），二者都采用方格道路系统。这些规划中城市都依照现代规划分区原则，将城市分为若干区并以车行道路连接，而对于旧居住区或传统房屋不加什么考虑，常予以毁除。私密性似乎是住宅区内至关重要的因素，70年代中城市有关行政部门制定规章来掌握景观、建筑高度和建筑后退[23]。

20世纪60年代以后大量人口开始从乡村涌入城市，如伊斯坦布尔和德黑兰的人口都急剧增加，在城市内和边缘地带出现了棚户区，行政当局视其为可怕的入侵者，有时将之夷为平地；不过最后还是承认它们是城市工业发展下不可避免的产物，容忍了下来。到1971年，在温哥华召开的住居会议中，棚户居住区已被认可为城市化的一项内容。J. 特纳在其著作《人民建造的住房》

（*Housing by People*，1976年）中认为棚户是一项资源而不是一个问题。其他学者也有持相同看法的，他们把住房认为是一个过程而不是成果，他们以更为积极的态度来促进对棚户区的关注。一个在上升的低收入阶层，他们的美学观已经开始影响着发展中的建筑，很可能会成为21世纪的新乡土建筑[24]。

富产石油的阿拉伯国家中，另一个现象是为外国劳工（大多从亚洲其他国家输入）所建的工人营地[25]。这些受管制的居民点，通常与城市其他部分分离；在殖民城市中也有类似的开发地，多设在历史性城市或传统城市以外。然而，与殖民开发地不同的是，劳工营只是过渡性的，从来没有值得人们注意的房屋。

20世纪50年代的伊拉克，石油收入从1949年的300万伊拉克第纳尔到1953年猛增至5000万伊拉克第纳尔，发展迅速。大多数建筑师追随着国际主义的现代风格。第一批到英国（主要在利物浦和加的夫）的留学生中有A.穆赫塔尔（1907—1960年）、H.纳米克（1911年生）、M.马基亚（1917年生）、R.查迪吉（1926年生）以及H.莫尼尔（1930年生）。另一位杰出的建筑师M.A.默赫隆（1913—1973年）1956年毕业于美国得州大学，任职于伊拉克的公共工程处。60年代他设计了巴格达的奥林匹克体育俱乐部和邮局。他还与其兄弟S.阿里合作在伊拉克设计了不少著名建筑，后来还在海湾地区各国设计了不少建筑。

有几位欧洲建筑师在伊拉克留下了作品。勒·柯布西耶设计了一座体育建筑群（1956—1980年）。W.格罗皮乌斯与协和事务所（TAC）在1958年为巴格达大学规划

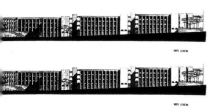

20 摩苏尔大学工程学院（立面
    图）——伊拉克少有的现代建
    筑之一
    1966—1972年
    建筑师：H. 莫尼尔，协和建筑
    师事务所（TAC）

图片由建筑师提供

了总图，并从60年代中起建造了几幢房屋；规划中有270
多幢房屋，其中仅建造了几十幢。H. 莫尼尔有几个项目
与协和事务所合作，后还与协和事务所在1966年共同为
摩苏尔大学设计（图20）。希腊的佐克西亚季斯联合事务
所做了若干总体规划和住房项目，而阿尔托和A. 罗西在
1958年设计了美术馆和邮政管理大楼，J.L. 舍特设计了美
国大使馆（1955—1960年）。这些建筑都在巴格达。

1958年的"七月革命"，因为具有民族主义和地方
文化的倾向，对伊拉克产生明显的影响。60年代中，有
些建筑师尝试着创造一种有地区意味的现代建筑，依据
的思想来自诸如J. S. 莫尼尔、M. 马基亚和阿卜杜拉等
伊拉克艺术家。他们得到查迪吉和奥胡希等的协助，在
1959年创办了伊拉克第一个建筑学系。他们还得到在伊
拉克工作的几位波兰建筑师的襄助，把他们的知识抱负
传给了下一代建筑师。50年代中期伊拉克只有30来位
建筑师，到1990年已发展到1500人。

M. 马基亚和R. 查迪吉可以说是20世纪最主要的伊
拉克建筑师，他们的设计思想据称反映着现代阿拉伯品
质[26]。马基亚的作品尝试将传统建筑中的伊斯兰理想、
当代的需要和现代建筑结合起来。在他的作品中有巴格
达的胡拉法清真寺（1961—1963年），他复原了一座13
世纪的历史性邦克楼并增添了新建部分，还有库法的
拉非旦银行和科威特雄伟的国家大清真寺（1976—1984
年）。查迪吉试图解决既是现代而又返回到地方根源这
一似是而非的难题。他通过采用现代技术和属于"阿拉
伯—伊拉克"文化的形态，探索既具有特定地方感，又
是四海皆宜的形象。这些思想反映在他和他的事务所的

作品中，例如1972年的哈穆德别墅，和其他较大规模的项目，如1966年的工业联合会大厦（图21A和21B），这些都建在巴格达。他所关注的方面与马基亚无异。他们作品的特点是使用混凝土（往往是素面的）和从房屋挑出的构件如拱形窗门。这些处理，与混凝土制或钢制的遮阳屏一样都以新的形式表现过去，保持了一种伊拉克的识别感。他们设计的房屋代表着海湾地区的国家和邻近地区20世纪六七十年代的建筑。

土耳其最具影响的当代建筑师S. H. 埃尔旦（1908—1987年）试图通过他的作品来代表土耳其的民族特性[27]。这一倾向成了地域主义设计的同义语。埃尔旦研究历史建筑和乡土建筑，他对土耳其住宅的解释是以木构架、厚实的底层、直条窗的楼层和带有深出檐的坡屋顶来作为特征。埃尔旦采用现代材料，如使用混凝土框架，加以填充材料，构成的建筑对时代来说十分适宜。他建在伊斯坦布尔的建筑有：在瓦尼柯的社会保障大楼（1963—1968年）、苏纳·克拉契别墅（1965—1966年）以及科契基金会的阿塔图尔克图书馆（1973—1975年，图22），都是这方面的优秀作品。埃尔旦在建立所谓第二民族建筑运动中起了很大作用，它与第一次运动的区别在于它是以乡土的形式表达民族的特性。

T. 坎塞浮（1921年生）创作了更多富于哲理的作品。正如A. 尤塞尔所说："与建筑的历史有关联的语义学对坎塞浮有着先验的意义……他的建筑有如充满内涵的论述，让人联想起建筑技术各部位的功能性。"[28]以混凝土为材料表现出顾及历史品位的设计手法，其优秀的作品有伊斯坦布尔的阿纳多卢俱乐部（与A. 汉西合

A

B

21A和21B 工业联合会大厦——表
现为现代地方主义，对阿拉伯
世界当代建筑影响甚大
巴格达，1966年
建筑师：R. 查迪吉

图和照片由金斯顿与泰晤士的查迪
吉研究中心提供

22 科契基金会阿塔图尔克图书馆
伊斯坦布尔，1973—1975年
建筑师：S. H. 埃尔旦

照片由H. U. 汗提供

23 埃尔泰金住宅（室内）——修复工程，在旧宅上添加新翼博德鲁姆，土耳其，1973年建筑师：T. 坎塞浮

照片由 AKAA 提供

作，1951—1957年）、在安卡拉的土耳其历史学会大楼（与E. 叶纳合作，1966年）、在博德鲁姆的埃尔泰金住宅（1973年，图23）。他的作品将功能的形式与技术相结合，在与历史的特定联系和历史的延续方面具有丰富的表现力。

另一有影响的是B. 西尼契和A. 西尼契小组。他们规划了安卡拉的中东理工大学校园（1961—1963年），并设计了其中好多幢房屋。他们是多产设计师，采取集合的设计方法，广泛地从日本、美国假借思想和形式，作品仍能够表现出安纳托利亚（土耳其的亚洲部分，即上述的阿纳多卢——译者注）地区历史的一些神韵，如安卡拉的伊朗小学（1975年）。留学美国的建筑师A. 居尔格嫩，1965年到1974年在土耳其做设计工作，并从事教学工作。在土耳其他的作品不多，其中加利波利纪念公园和博物馆（1969年，图24）颇具力度。1972年他获得巴黎蓬皮杜中心设计竞赛二等奖，并继续留在巴黎工作。1960年以后值得注意的建筑师有：C. 贝克塔斯、D. 特克里、S. 西萨、M. 孔努拉普、D. 帕米尔、T. 卡夫达尔以及E. 居尔塞尔。他们都是在本国受的建筑教育，从他们的作品（图25）可以了解到这一时期建筑的特征是带有乡土品质的现代主义。

在伊朗同样可以看到类似的受地区启发的现代建筑。在巴列维时代（1925—1979年），伊朗在农业和手工业（主要是地毯）的商业化方面有所增长。在1951年至1953年摩萨台任首相期间，他把石油这一最为重要的经济部门收归国有，利用这一庞大的收益为国家所用。1962年国王发起"白色革命"，启动了一项建立新城和

24 加利波利纪念公园和博物馆——景观中的结构以当代模式引发民族记忆
1969年
建筑师：A. 居尔格嫩

照片由T. 阿克皮那尔摄影，建筑师提供

建造房屋的计划。伊朗这一正在现代化中的国家接受了带有立方体形态和宽大景观窗的现代建筑。有如历史学家D.迪巴所说："这些建筑，用轻钢建造，平屋顶、薄墙身，显示出自身是投资稳定的强力要素。有一些小型营造商组成的集团，名叫'建造–出售'，成为城市的主人。"[29]与此同时，有些较大的设计事务所业务兴旺，如阿卜杜拉齐兹·法尔曼–法尔绵联合事务所。然而在建筑上取得显著成就的建筑师为数不多。好多建筑师曾留学国外，其中最杰出的是K.迪巴（1937年生）和N.阿达兰（1939年生）。

迪巴在伊朗的作品全是公共机构建筑，用材是混凝土和砖，如在阿瓦兹的戎迪沙普尔大学（1968—1976年，图26）、德黑兰的尼亚瓦朗园（1970—1978年）都体现出他的思想。迪巴会同A.J.梅杰一起，设计了德黑兰当代美术馆（1967—1976年）。迪巴最优秀的作品是位于胡齐斯坦省的舒什塔尔新城（1974—1980年），这一杰出的设计在空间上和建筑上十分优雅，注重并强化人的交流。不过，人们的看法并不一致[30]。他的现代主义表达方式与R.查迪吉有某些相同，不过在处理细部方面更为灵巧。与他并驾齐驱的阿达兰创作了一批不凡的设计，其中一个是德黑兰的伊朗管理研究中心（1970—1972年），现在为伊玛目萨迪格大学所用，那是他在法尔曼–法尔绵事务所工作时所做；另一个是与G.坎迪利斯合作的建在哈马丹的布·阿里·西纳大学总体规划（1975年）。阿达兰还写了有关伊朗建筑、几何秩序与伊斯兰的著作；1973年他与L.巴赫蒂亚尔合著了一本有影响力的书《统一的感觉》[31]。这两位20世纪伊朗最重要

25 零售与制造综合楼
　　伊斯坦布尔，1959—1967年
　　建筑师：D.特克里与S.西萨

照片由METU档案馆提供

26 戎迪沙普尔大学——砖与混凝
　　土建筑的诗意结合，沿街布置，
　　给人以城居印象
　　伊朗，阿瓦兹，1968—1976年
　　建筑师：DAZ建筑与规划事务所
　　（K.迪巴）

照片由建筑师提供

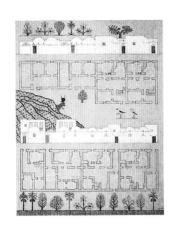

27 新古尔那的土房群——建筑师的乡土表现影响了整个阿拉伯世界的建筑学
埃及卢克索附近，1946—1948年
建筑师：H. 法赛

照片由 AKAA 提供

的建筑人物于1979年后都在国外工作——阿达兰在美国和科威特，迪巴在欧洲，近来则在西班牙。

随着从乡村涌往城市的人口激增，石油收入锐减，伊朗的经济情况有所恶化，在1977年前后大量削减建设，导致失业者众多，严重影响着居民和建筑业。

在中东，各国长时期统一坚强，从20世纪60年代探求自我的表现开始抬头。建筑师和业主都对过去漫长的历史做了回顾，这一历史时期的建筑受到外来思想的影响，有的由外国建筑师或从国外学习回来的建筑师所设计。他们现在开始随着K. 弗兰姆普敦定名的"批判的地域主义"[32]向内寻找既具现代性而又满足特定文化要求的正规建筑语言。在中东地区的文义中，"地域主义"一词并不是对现代主义的批判。相反，它是这两个词的复合体，成为一种表述这个地区的建筑，而不是输入这个地区的一种建筑[33]。

借用乡土建筑作为中东地区当代建筑的基础，其动力来自埃及富有影响的建筑师H. 法赛（1900—1989年）。法赛毕生致力于推广土生土长的房屋和适应干热气候条件的民房，与国际式建筑起抗衡作用，在20世纪70年代吸引着一大批年轻的追随者。法赛的著作《为穷人建造的建筑》(*Architecture for the Poor*，1969年初版时名为 *Gourna: a Tale of Two Villages*)，详细地讲述了埃及卢克索附近名叫新古尔那的一个村庄的发展过程（1946—1948年，图27）。尽管在社会方面有些不足之处，但却是一个极有影响的实践项目，许多人都仿效法赛那样诗一般地运用泥土作为材料来建造拱顶和穹隆。法赛采用一系列比例来设计房屋，有的根据黄金分割律，有的源自法老式建筑。有一点很重要的是使用当地劳力，而不是靠外国的专门技术。对法赛所强调的自力更生思想起补充作用的有 E. 舒马赫的著作《小就是美——百姓经济学观》（1973 年）。像 A. W. 瓦基尔等建筑师按照法赛的方法和美学观来设计的住宅和清真寺（图 28）遍布阿拉伯世界。汲取这些思想的其他建筑师有杰出的约旦建筑师 R. 巴德朗（Rasem Badran）。他设计的公共机构建筑在伊斯兰世界不断产生着影响。伊朗、加拿大和英国几位建筑师组成的发展工作室，那时也在伊朗和其他地方从事与社区有关的设计。

28 苏来曼宫——采用 H. 法赛在 20
　世纪 40 年代的乡土形象
　吉达，1974—1978 年
　建筑师：A. W. 瓦基尔

照片由 H. U. 汗摄制

　　主张传统的人所采取的通常与伊斯兰是一致的，在文化和政治方面与历史牵连在一起，这一建筑方向在经历迅猛变革的大多数亚洲社会中是普遍可见的。创造一个现代的"文化特性"仍然是个目标，即使是外国建筑师也朝着这个方向努力，如山崎实的扎赫朗空港（1961年）或 F. 奥托和 R. 古特勃劳德在沙特阿拉伯麦加合作的国际旅馆（1974 年）。在他们设计的新类型中采用了现代技术而又参照一些传统的单元如帐篷等。

　　海湾地区诸国，除了阿曼受英国统治之外，其余如巴林、科威特、卡塔尔和阿拉伯联合酋长国等过去都是奥斯曼帝国的一部分。第一次世界大战之后，沙特阿拉伯和也门独立，大多数较小国家要到 20 世纪 60 年代才相继挣脱外国的管辖[34]。由于石油收入上升，到 60 年代，这一地区经济高速发展，建造了许多以国际式地区性语汇设计的大型有代表性的建筑，如宫殿、议会、学校等。

　　1960 年至 1980 年，从欧洲和美国来的建筑师在海

29 迪拜国家银行——建筑师在海
   湾国家设计的多幢建筑之一
   1964—1966 年
   建筑师：J. R. 哈里斯建筑事
   务所

照片由建筑师提供

A

B

30A 和 30B 拉希迪购物中心
   迪拜，1980—1983 年
   建筑师：J. 图坎建筑事务所

照片由建筑师提供

湾地区诸国占据了主要地位。需要一提的著名建筑师有 L–D. 威克斯和鲍尔，他们设计了巴林的技术学院（1978 年）；J. 伍重设计了科威特国民大会堂（1972—1983 年）；拉伊利·皮蒂拉和雷马·皮蒂拉在科威特建了西孚宫（1983 年）；J. R. 哈里斯在多哈、迪拜和阿曼设计了医院和其他机构建筑（图29）；而 M. 埃考夏德在科威特设计了国家博物馆（1983 年）。商业和公共机构建筑主要由外国建筑师设计，其中有美国的事务所如 B. 汤普逊事务所（BTA）和协和事务所（TAC）。M. 莱尔事务所、怀特和杨事务所设计在沙迦的阿拉伯市场（1976—1978 年）有新的理解，预示着这一地区建筑的一种崭新的方向。该市场建成之后虽因其如天方夜谭幻想似的形象而遭到批评，然而多年后却成为使用者喜爱的市场。

20世纪70年代以来，阿拉伯建筑师在海湾地区诸国也很活跃。M. 马基亚在巴林的麦纳麦建造了政府官员住房（1971—1975 年）、巴林王储办公总部（1973—1976 年）和在阿布扎比的最高法院（1978—1984 年）。R. 查迪吉的伊拉克事务所建造了在巴林麦纳麦的安达鲁斯电影院（1969 年）和阿拉伯联合酋长国的部阁大厦（1976 年）。K. 卡富拉维设计在多哈的海湾大学（第一期完成于1983 年）是最具创新性的作品之一。同样还有约旦建筑师 J. 图坎的作品（图30A 和30B），他从70年代开始在海湾地区国家设计的办公建筑、医院和学校都属于现代风格。

海湾地区当地建筑师创建的事务所不多，最显著的要数科威特工程师办公室（KEO），以工程师 B. 哈桑和 A. 苏尔丹为首，建筑师是 G. 苏尔丹，在90年代是 N. 阿达兰。KEO设计的房屋有宰赫拉建筑群（1986年）；还有好多大规模的规划项目，包括与美国马萨诸塞州佐佐木基事务所合作的科威特市水滨一期和二期规划（1978—1988年），但它于1990年伊拉克入侵科威特时大部被毁。1991年海湾战争以来，科威特一直在积极重建之中。

20世纪60年代和70年代，仍然有一些建筑师继续在传布国际式的现代建筑，着重的是形式问题，他们主要是在黎巴嫩和以色列。

黎巴嫩的贝鲁特是中东最多元化的城市，是这一地区的商业、娱乐中心，集中表现出"进步"。可以载入首都建筑典籍的有：A. 沃琴斯基的莫斯科人民银行（约1960年）、A. 阿尔托和A. 罗西的萨巴赫中心（1967—1970年，图31）、G. 赖斯和A. 萨拉姆的泛美大厦（1955年）以及A. 塔贝（Antoine Tabet）的圣乔治旅馆（1930—1931年）。P. 尼玛（Pierre Neema）、P. 胡里（Pierre El Khoury）、A. 萨拉姆、M. 安迪（Maurice Hindie）和G. 雅各布（Gebran Yacoub）等人继续行进在现代主义的道路上。

20世纪80年代以前，以色列的建筑满怀着对分析事物和社会性问题的关注。这类建筑的一个上好的实例是Y. 雷希特建在耶路撒冷的东塔皮奥特集合住宅（1980年）。其他诸如诺伊曼、黑克尔和夏隆在耶路撒冷的雷莫特住宅（1979年），以及Z. 黑克尔在拉马特甘的螺旋公寓（1984—1988年）。黑克尔喜欢运用几何形体——多半用多边形体。I. 古多维奇和H. 赫费兹等建筑师多采用混凝土结构，建筑物是取穹隆和双曲抛物面等形体。A. 曼斯菲尔德设计建在耶路撒冷的以色列博物馆精美的展

31 萨巴赫中心
贝鲁特，1967—1970 年
建筑师：A. 阿尔托与 A. 罗西

照片由 G. 阿比德摄制

32 以色列博物馆
　　耶路撒冷，1959—1992年
　　建筑师：A.曼斯菲尔德与
　　D.迦德

照片由E.吉纳德摄制，建筑师提供

馆（1959—1985年，与D.迦德合作，图32）是结构形式主义的习作。以色列裔加拿大建筑师M.赛夫迪（1938年生）在以色列境内有大量作品，他在建筑的社会、伦理和技巧各方面有大量著作，他还用自己对乡土建筑的理解来完善标准尺寸的建筑，建在内盖夫的沙漠研究所（1974年）和耶路撒冷的希伯来联盟学院校园（1976—1989年）是这方面的明证。总的来说，以色列比这一地区内其他国家更广泛地应用预制和工厂生产的构件。

伊斯兰化和折中主义——20世纪80年代以后

　　在阿拉伯半岛最大的国家沙特阿拉伯，表达阿拉伯和伊斯兰特征的建筑思想被认为是万分重要的，成为建筑问题的中心。石油使沙特极为富有，因而有条件在20世纪70年代以来一个个五年计划中进行旧居住区的改造和新区的建设。这些岁月中前所未有的建设规模吸引了世界各地的建筑师和营造商来到沙特。起初，现代国际式盛行，因为它新颖、有光彩、进步。不久，外国的和阿拉伯的建筑师都颔首接受这一地区的建筑传统，对现代主义做了些调节。建筑师试图参照传统伊拉克奈季迪地区的房屋来反映民族特色和民族自豪感。这类奈季迪建筑多有带雉堞的厚实土墙和窄而深的窗户，这已成为通用建筑语言（流行的手法）。

　　20世纪60年代至80年代，沙特所有重要的项目都委托外国建筑师设计，他们都自命为抓住了传统和现代性双重要领。R.古特勃劳德和F.奥托设计的利雅得王宫

（1978年）包含有政府办公室、接见厅、两座清真寺、军营、工作人员住宅、服务设施以及一直升飞机坪。卓越的日本建筑师丹下健三在沙特设计了好多建筑，其中有国王和王储的两套宫殿（1977—1982年，吉达），费萨尔国王基金会"赫伊拉"（1976—1984年，利雅得）。在这段时间中还落成了不少其他公共和私人的宏伟大厦，其中最突出的可说是丹麦建筑师H.拉森设计的外交部办公楼（1980—1984年）。只有一项政府楼群是由阿拉伯建筑师所设计，那是Z.A.法耶兹的劳工社会事务部（1984年，利雅得）。其他大规模的项目有大学：如美国得克萨斯州的考迪尔、罗莱特和斯科特事务所（CRS）建在宰赫兰的石油与矿业大学（1964—1971年及1982年，图33）；赫尔穆特、奥巴塔和卡萨鲍姆事务所（HOK）与另四家合作设计的萨乌德国王大学（1984年，利雅得）。HOK事务所在1975年至1984年与营造业巨头贝克特合作设计了利雅得的哈莱德国王国际空港以及其他项目。体育馆和清真寺也都是表现阿拉伯特征的重点[35]。

从20世纪80年代起，像J.图坎、A.W.瓦基尔、奥玛拉尼亚与R.巴德朗、D.亨达萨赫等阿拉伯建筑师，以及比亚、Z.A.法耶兹等沙特建筑师开始起主要作用。图韦格宫，经OHO事务所设计成为利雅得的外交俱乐部（1980—1985年，图34），它是含有曲面石墙的建筑，还附有特氟隆（聚四氟乙烯）涂层的帐篷结构，透露出沙漠绿洲的形象。90年代见之实施的最有兴味和权威的工程可以说是巴德朗在利雅得的司法宫（1979—1992年，图35）。利雅得的博物馆群体，由若干博物馆、一个剧院以及复原的阿卜杜勒·阿齐兹王宫组成，是最雄

33 石油与矿业大学
　　沙特阿拉伯，宰赫兰，1964—
　　1971年
　　建筑师：CRS事务所

照片由建筑师提供

34 图韦格宫／外交部俱乐部——沙
　　漠中的现代帐篷
　　1980—1985年
　　建筑师：OHO事务所

照片由AKAA/M.阿克拉姆提供

35 司法宫——显然参照了内吉的
　　建筑
　　利雅得，1979—1992年
　　建筑师：R.巴德朗

伟的工程之一。利雅得发展局于1996年邀请三家建筑事务所提出发展方案，定在1999年完成。

反映沙特特色的建筑也被认为等同于"伊斯兰特色"的建筑。对于沙特这个国家，由于伊斯兰教兴起于此，又是圣地麦加的所在地，处于伊斯兰世界的地理和精神中心，有这种想法毫不令人诧异。

以穆斯林为主的国家中存在的"伊斯兰特色"观念已从这些伊斯兰国家传播开来，远及亚、非各国，如巴基斯坦和利比亚。即使在中东地区最现代化和最世俗化的土耳其，在20世纪80年代和90年代保守势力和伊斯兰圈子也曾提出强烈反对，对这种发展过程加强了自己的声音[36]。如果伊斯兰在中东大部分地区一直具有这般的号召力，那么那里的民族因素如阿拉伯文化和犹太复国思想也同样具有号召力。

大约在20世纪70年代早期，当时石油输出国组织（OPEC）实力强大雄厚，重建了有生气的利在己方的石油市场。受此鼓舞，伊斯兰的信心得以重整。这引起了一场世界范围的石油危机，随之而来的是西方的建筑业发展速度有所缓慢，而在中东却发展蓬勃，吸引了世界各地的建筑师云集于此。到70年代中期，西方来中东的许多有地位的建筑师似乎是以一种含蓄的风格主义来迁就，有时采取一种较简单的路子，从伊斯兰建筑割取一些现成的形象来满足业主。这对当代建筑的人性价值的探索和表现是不严肃的，是对庸俗性的放任。"对现代价值观的反冲，其含义明显不过的也就是传统道德观和美学形式。代表本质的特色问题再次陷入危境，但是泛伊斯兰的思想感情能够对此加以调整，能够从摩洛哥

到马尼拉各文化中找到共同点；只要魔杖一挥，什么派别、国界、千百年的变革都可以置于一旁。"[37]（图36）

　　只要一个"伊斯兰建筑特征"，这种提法是必须慎重对待的。事实上，穆斯林有着不同的文化、群体以及多种多样的建筑传统。然而，那只不过是政治的和文化上的一个号召，用来将伊斯兰区别于"其他"——所谓"其他"通常是指世俗的西方。在若干国家包括伊朗、土耳其和沙特，伊斯兰主义和地区现代派两种风格为建筑的"正宗"派别的归属而互争。有时候两者旗鼓相当，被利用做宣传。拿宗教来与国家相比，伊斯兰的意义不仅是宗教，它也是一种文化力量，宗教和世俗两个领域盘根错节，双方都受到强化。

　　最为明显的写照是在伊朗。1977年开始了霍梅尼的追随者对国王统治的反抗，打出的口号是"独立、自由、伊斯兰共和"。于是，引发了1978年至1979年的"伊斯兰革命"。在这场革命背后遭殃的既有社会经济又有文化。"巴列维王朝在伊朗强行地实施西化已有多年。在西化过程中，不仅使乌里玛（ulama）[38]的习俗、信仰和特权遭到攻击，连许多商人、普通农民、牧民和城市贫民也不能幸免。巴列维家族被认为是西方或西化势力的工具，主要来自美国和以色列，比恺加王朝还要厉害……这样就在被拒斥的人中间产生出一种寻根的情感，要回归到'正宗'的伊朗或伊斯兰价值观上来。"[39]

　　对西方幻想的破灭与"回归伊斯兰"的渴望，不仅在伊朗存在，大部分伊斯兰世界也都有。这些运动并不拒绝现代技术。他们要求的是回到"伊斯兰原则"上，这些原则在不同国家、不同团体中有着不尽相同的

36 办公楼——试图将老的伊斯兰形式或钟乳石状结构与现代材料相结合
大马士革，约1992年
建筑师：Y. A. 哈迪德

照片由 S. 阿卜杜拉克提供

解释。伊朗对现代性的象征提出质问，诋毁巴列维时代的所有一切，而提倡"伊斯兰"建筑。可惜的是，到了20世纪80年代，竟走上了将一些如穹隆、拱券、封闭的内院甚至是彩绘玻璃窗等元素杂凑的路子，而且往往处理得很不像样。德黑兰的建筑学院原先是提倡现代建筑的，到后来勉强地走向后现代、高技派和传统主义之类的玩弄形式的模式，变成了东拼西凑的设计。在设计新建筑时只是对传统伊斯兰建筑在形式上和用材上做些不切实际的嘴皮子功夫，对于真正内在的原理则毫不顾及。建筑师和教师，他们都同样不厌其烦地侈谈本质、文化，尽管城市在急剧地发展，却几乎没有值得称道的作品。留在该国设计过一些优秀作品的杰出建筑师们有H. S. 齐乃丁、I. 卡兰塔里、J. 马兹洛厄姆和A. 萨雷米等。

后记

由于一些国际组织如国际建筑师协会（UIA），以及一些地区性组织的努力，推进了国际的交流。20世纪70年代，许多中东国家得到UIA的襄助，举办设计竞赛，征求诸如文化中心、宫殿、清真寺、住宅计划和其他类型的建筑方案。有些方案没有得以实施，如1977年的德黑兰王家国民巴列维图书馆和1982年的巴格达国家清真寺（图37）。前者的目的在于体现王室政权的伟大和进步形象，后者旨在成为国家的新象征。当然也有实现的，如1976年的科威特大清真寺，由M. 马基亚设计获奖，落成于1984年。

20世纪80年代之前，这一地区很少举行有意义的

37 国家清真寺竞赛（未建）——
　世界规模最大的清真寺
　巴格达，1982年
　建筑师：R. 巴德朗

摘自 *Mimar: Architecture in Development*

建筑讨论活动。值得一提的一次特例是在1977年由阿卡汗建筑基金会发起的一次论坛，举办了一系列有关属于穆斯林当代建筑的研讨并设有奖金（三年共有50万美元）。1980年第一次有15个奖项，得奖的有些项目被许多建筑师和评论家认为是"社会性的"因而是非建筑的。批评或许不错，但在设计中对社会和文化方面的思考却为对西方的建筑研讨拓宽了必要的广度。论坛对这一领域内的建筑不断加以关注，强调建筑是一种文化力量，能在重塑人民生活方面起着重要的作用（这种乐观态度可追溯到20世纪60年代，当时文脉、技术和社会保护等信念仍较为普遍）。到90年代，论坛已不仅是穆斯林社会传播建筑思想和范例的最重要讲坛，而且也在国际建筑舞台上起着对话作用。

在这一地区内部，研究殖民时代以后建筑的历史学者和评论家实在太少，阻碍了这方面的讨论，也缺少了一种国际性媒介来推行。这一地区发行了一些期刊，如伊朗的*Architekte*（1946年创刊）、土耳其的*Mimar*（后改名为*Arkitekt*，1931—1980年）和*Mimarlik*（1944—1953年）、伊拉克的*Ur*（60年代和70年代），沙特阿拉伯则有*Al Bena*（80年代起），内容均涵盖当地的艺术和建筑。今天，中东地区只有少数国家出版建筑期刊，发行量和影响所及以及题材等仅限于本国。西方的出版物定期地广泛传播，其中著名的有意大利的*Environmental Design*，还有伦敦发行的*Arts & the Islamic World*。第一本国际性发行和发行最广的关于发展中国家情况的期刊是*Mimar: Architecture in Development*，先是在新加坡出版，1981年到1992年移往伦敦出版。这份期刊的态度是把建筑看作一种个人和集合的文化表现。*Mimar*由阿卡汗文化基金会资助，作为阿卡汗建筑奖的一项平行事业，它不局限于穆斯林社会，也登载来自亚洲其他地区、非洲，有时也包括拉丁美洲的作品。90年代中期，唯一一本覆盖中东、日本建筑等非西方建筑的期刊是*World Architecture*。

总的来说，这一地区的情况是东部阿拉伯人、土耳其人、伊朗人和犹太人这四个相互绕缠的民族历史交会的结果。他们的外貌特征相似，具有共同利益，加上都有控制这一地区的欲望，迫使他们相互采取行动。政治冲突对这一地区内的建造活动影响极大。以色列人与巴勒斯坦人在20世纪中叶的斗争，1971年到20世纪90年代损毁了黎巴嫩的那些冲突，80年代的两伊战争，以及1991年的海湾战争，均破坏了城市肌理有重要意义的部分。这些冲突也减缓了发展的步伐，改变了这些国家中建筑的性质。像库尔德 – 土耳其以及伊拉克等情况，两败俱伤，都产生着类似的结果。到20世纪最后的时刻，这种令人不安的局面依然存在。

20世纪中东地区的建筑曾经受到过殖民地的影响（主要是英、法两国），也有现代主义和民族主义的烙印。国家争得独立，对殖民时期的建筑和规划产生反感，激起建立不论是国家的、宗教的或者种族的自我特性的热望。为了达到这一目的，国家一般都把目光投向过去的建筑——有历史性的纪念建筑，或者是乡土建筑。现代建筑在少数国家兴起于20世纪20年代，但在大多数国家要到40年代和50年代才盛行。现代建筑虽然那时已失去了它的社会内涵和意义，进入80年代后在中东地区仍然具有力量，这时候它们在欧洲和北美早已过了巅峰期。现在开始再次听到"新现代"的呼声。"新现代"的主旨是对地区、地方性的关注，而同时又仍受到国际市场运作的影响。

要把建筑作为表现自我特性的手段，这是困扰建筑师的一种思想，往往会使设计人忽视建筑的内涵和细节。他们关心的会是形象和对于地方、地区的关联性——那种 W. 柯蒂斯所称的"肤浅的现代派和饶舌的传统主义"（这种倾向并不限于这个地区，而是世界性的）。许多"主义"、许多"派"（什么民族主义、传统主义、历史主义，什么国际式、现代派、后现代派）——建筑师也好，评论家也好，不断地辩论着。他们一般把这些标签截然分开，割裂地来对待，殊不知事实上这些相互重叠、以一种远为复杂的关系同时并存，这种复杂的关系难以表达，更不用说充分领悟或者以令人信服的方式反映出来。20世纪70年代的多元思想到20世纪结束时正在成为现实。

如果有一个思想可以概括这一地区内建筑师和建造者（程度上稍浅些）所专心关注的问题，那一定与探求一种对过去参照的创造性表现有关——通过采用新技术向当代社会在构筑环境时呈献一份遗产和回忆。在中东地区（亚洲其他地方亦是如此）人们信奉着"建筑具有对环境与社会的塑造力"。大家都在追求能反映文化和社会特性，而不是无特性的"全球"建筑的那种建筑综合性，这种探求不断地在继续着（图38）。情况往往会是非此即彼，要么是现代的，不然就是传统的；或者说要么是个别的，不然就是集体的。然而，应该认识到事

38 "建筑的真实认同性？"
　　绘画：S. 梅梅肯

摘自 *Mimar: Architecture in Development*

物的各个面是重叠的、同时并存的，也应该以这个认识去处理事物。考虑到各方面问题同时并存，就会产生一种新的折中主义，将社会价值与技术价值相结合。这一倾向一旦发展下去，便会产生出这一地区21世纪的建筑范例。

注释:

1. 有趣的是，一半以上的中东地区国家过去和现在都在某些形式上是君主制政体。对于发展中国家的政府来说，正统性这一观念是非常重要的，它是把政府与历史的延续性紧扣在一起的，用以提高自己的统治地位。这对某些政府而言更为突出，如沙特阿拉伯之为"伊斯兰守护者"，伊拉克的军事统治和以色列的犹太复国主义的思想。

2. 这些国家成为现代独立主权国的年份如下：巴林于1971年，伊朗于1979年，伊拉克于1932年，以色列于1948年，约旦于1946年，科威特于1961年，黎巴嫩于1943年。阿拉法特于1988年宣布在巴勒斯坦西岸成立国家。卡塔尔于1971年建立起国家地位，沙特阿拉伯于1932年，叙利亚于1946年，阿拉伯联合酋长国的七国（迪拜、阿布扎比、沙迦、哈伊马角、阿治曼、乌姆盖万、富查伊拉）于1971年独立，哈伊马角到1972年才加入联合酋长国。也门共和国是在1990年由北也门和南也门（以前的亚丁）合并而成的。只有阿曼不同，它早在17世纪驱逐了奥斯曼土耳其人之后就独立至今。

3. 这一名词借自于 B. 鲁道夫斯基（Bernard Rudofsky）的展览会和书名：*Architecture without Architects*（纽约现代艺术馆，1964年）。

4. 参见 *Orientalism*，第216页。虽然十分重要，这一东方学者的论说，其态度和行动超越这一文章的范畴。萨义德的著作表述了政治和文化方面。更早的情况(1765—1850)见 R. 施瓦布的 *La Renaissance Orientale*（巴黎，1947年）。

5. 对犹太教也是如此，只是程度上稍轻而已，后来又把穆斯林文化和犹太文化合并，称为"现代闪米特文化"。

6. S. 亨廷顿的文章（后来成书）载于期刊 *Foreign Affairs*（1993年夏季，卷72，第3期，第22页至第49页）。

7. Y. 亚武兹及 S. 厄兹坎，"The Final Years of the Ottoman Empire"，载于霍洛德和欧文所编 *Modern Turkish Architecture* 一书，第35页。

8. 格卡尔普1918年所写的文章，为 I. 泰基利的文章 "The Social Context of the Development of Turkish Architecture" 所引用，见 *Modern Turkish Architecture* 一书第13页。

9. R. 欧文 *State, Power & Politics in the Making of the Modern Middle East* 一书，第6页。

10. A. D. 金，"Colonialism and the Development of the Modern South Asian City"，刊载于 *The City in South Asia*，K. 巴尔哈切特与 J. 哈里森编，伦敦：Curzon Press，1980年，第2页。A. D. 金过去一直研究南亚城市，现在也研究中东地区。

11. 更详尽资料见 R. 霍洛德与 H. U. 汗著 *The Mosque and the Modern World*，伦敦：Thames & Hudson，1997年，第62页至第105页。

12. 勒·柯布西耶把现代建筑运动的原则归纳为"五要点"——开放平面、平屋顶和平台、水平条窗、将房屋抬离地面的支柱以及自由的立面。"国际式"一词是由 H-R. 希契科克和 P. 约翰逊在1932年纽约现代艺术馆举办的一次具有影响力的展览会上创造的。国际式的美学观点强调由薄壁围合的空间，不强调实体；强调整齐规律，不强调对称；强调材料的内在美和比例，不强调外在的装饰。

13. 举其著作一例，*A Survey of Persian Art*，共8卷，伦敦，1938年；另一例为 *Introducing Persian Architecture*，牛津：Oxford University Press，1971年。

14. M. 马雷法特，"Building to Power：Architecture of Tehran 1921–1941"，MIT 博士论文，1988年，第75页至第76页。

15. 见 *Architecte*（德黑兰），1945年8月，卷1，第32页至第37页。他将他自己的"现代建筑观"归纳为以下几点：
（1）水平窗和角窗；（2）
垂直窗和环绕梯；（3）从
房屋门面上突出混凝土带；
（4）悬挑楼梯；（5）在窗
户上方有混凝土出挑带；（6）
在屋顶设水平带。

16 A. 尼灿 - 西夫坦，"Contested
Zionsim-Alternative
Modernism, Erich Mendelsohn
and the Tel Aviv Chug in
Mandate Palestine"，刊载
于 Architectural History，
1966 年第 39 期，第 147 页。
这篇文章对这一时期有一适当
的叙述。

17 同上文，第 151 页。

18 在托管巴勒斯坦和以色列之
后，极少工作致力于阿拉伯
建筑上。

19 同注释 9，第 96 页。

20 W. 柯蒂斯，Modern Archi-
tecture since 1900，第 568
页至第 569 页。

21 20 世纪 60 年代以来，这
方面的研究开始改变文化方
面的理解。下书为一例，
可参见 A. 阿尔卡莱 After
Arabs and Jews: Remaking
Levantine Culture（明尼
阿波利斯：University of
Minnesota Press，1993 年）。

22 例如，1960 年至 1980 年，黎
巴嫩的城市人口比重由 64%
增至 79%，伊拉克则从 33%
增至 55%，沙特阿拉伯则由
15% 增至 23%。数据源自世
界银行历年发布的《世界发
展报告》。

23 参见 S. A- 哈什鲁尔，The
Ara-Muslim City: Tradition,

Continuity and Change in
the Physical Enrironment
（利雅得：Dar Al Sahan，
1996 年），第 6 章，第 195
页至第 236 页。

24 我注意到这些棚户区在这里
起着一种提示的作用，告诉
读者与大多数亚洲城市内的
大量房屋相对比，建筑"杰
作"可以看作是文化精英。
虽然在中东棚户区不是普遍
现象，然而却是城市环境的
一个特点。

25 输入劳工在中东地区的阿
拉伯国家实际上有了很大
增加。1972 年前约有 80 万
名输入劳工，到 1980 年达
到 283 万人，到 1983 年增至
400 万人。输入劳工在许多
阿拉伯国家中占总人口的比
重也很可观，如在阿拉伯联
合酋长国 1975 年占 17%，科
威特的占比从此前的 44% 增
至 1981 年的 60%。

26 二人各有著作阐述思想：马基
亚著有 The Arab Village（开罗，
1951 年）、The Architecture
of Baghdad（巴格达，1969
年）；查迪吉著有 Taha Street
and Hammersmith（伦敦，
1985 年）、Concepts and In-
fluences（伦敦，1986 年）。

27 见 S. 博兹多安、S. 厄兹坎、
E. 耶纳尔所做专集，Sedad
Eldem。

28 A. 于杰尔，"Contemporary
Turkish Architecture"，载
于 Mimar，1983 年第 10 期，
第 58 页至第 68 页，此文对 S.
埃尔旦、T. 坎塞浮和 B. 西尼
契的作品有一简明的综述。

29 D. 迪巴，"Iran and Contem-
porary Architecture"，载于
Mimar，1981 年第 38 期，
第 20 页至第 25 页。

30 K. 弗兰姆普敦在 1998 年给
作者的信中写道："以整个
城市的尺度来衡量，舒什塔
尔新城可能有着世界上最优
秀的低层低密度住房。"

31 见 N. 阿达兰和 L. 巴赫蒂亚
尔 The Sense of Unity: The
Sufi Tradition in Persian
Architeture 一书（芝加哥，
1973 年）。

32 K. 弗兰姆普敦，"Prospects
for Critical Regionalism"，
载于 Perspecta，1983 年第
20 期，第 144 页至第 152 页。

33 关于伊斯兰世界地域主
义的各种观点，见 R. 鲍
威尔编 Regionalism in
Architecture 一书中的论文
和讨论（新加坡：Concept
Media for the Aga Khan
Award for Architecture，
1987 年）。同时见 W. 柯蒂
斯、K. 弗兰姆普敦和 R. 查
迪吉的诠释。

34 阿拉伯国家现代建筑的简
况，可见 U. 库特曼，"The
Architects of Iraq"，载于
Mimar，1982 年第 5 期，
第 54 页至第 61 页。又
"The Architects of the Gulf
States"，载于 Mimar，
1984 年第 14 期，第 50 页至
第 57 页；"The Architects
in Saudi Arabia"，载于
Mimar，1985 年第 16 期，
第 42 页至第 53 页。

35 20 世纪 70 年代以来沙特建

筑的简要介绍见 U. 库特曼的文章 "Contemporary Arab Architecture: The Architects of Saudi Arabia"，载于 *Mimar*，1985 年第 16 期，第 42 页至第 53 页。

36. 这里，"Islamist" 的含义是指一种诠释和革新的思想，旨在于伊斯兰宗教传统内重建社会秩序。简明的阐述和分析，见 R. 怀特著："Islam Democracy and the West"，载于 *Foreign Affairs*，1992 年，卷 71，第 3 期，第 131 页至第 145 页。R. 怀特指出：各种伊斯兰运动往往被西方称之为原教旨主义者，但是从他们的 "行为事项" 看，多数并不是原教旨主义者；大多数运动有利于天主教解放思想，提倡对原教义做积极的运用，以改善人们在现代世界中的世俗生活和政治生活。

37. 同注释 20，第 584 页至第 585 页。

38. 这里指有高深学识的神学家和教法学家，有资格解释经义，制定信仰者的行为准则。

39. N. R. 凯迪，"Iranian Revolutions in Comparative Perspective"，载于 *American Historical Review*，1953 年第 88 期，第 592 页至第 593 页。

评选过程、准则及评论员简介与评语

A. 阿尔－拉迪
G. 阿比德
S. 博兹多安
P. 迪巴
U. 库特曼
A. 尼灿－西夫坦
N. 拉巴特

在评选过程中，各位评论员和作为本卷主编的我共同试图在较多建筑作品中寻求政治、文化和建筑意义上的平衡，而且所有入选作品都必须是建成的并且在建筑上是出色的。我们不选未建的设计作品。此外，作品规模限于建筑单体一级，而不包括城市群体一级。我们考虑了综合体建筑，但排除了一些住房和城市开发方案，如特拉维夫20世纪20年代的白城，尽管其中一些单项仍被提名并选入。在我看来，本卷入选的项目均有典范性，但同时，无可避免地仍会忽略一些重要的建筑。（H. U. 汗）

A. 阿尔－拉迪〔Abbad Al Radi〕

1944年生于伊拉克。1969年在英国剑桥大学获得文学硕士建筑学专业文凭，1974年获麻省理工学院城市规划硕士学位，他曾短期在麻省理工学院任教，最后在巴格达大学执教。1975年于巴格达与他人合开事务所，取名为"PLANAR"，主要从事规划、城市研究以及建筑设计。有些设计还涉及规划和旅游的研究，包括：巴格达捷运系统、巴格达综合运输研究、幼发拉底河上游区域规划等。自1986年以来承担的设计项目范围很广，包括：位于阿布扎比的中央鱼肉、果品、蔬菜市场，卡莱提亚合作社，纳赛尔大厦，萨义德大厦和地泉宾馆等。

评语

　　重要的是，只考虑高品质的建筑，而对那些盛行的、无数可以称之为"仿伊斯兰"的建筑，一律不予考虑。被选的建筑或方案包含那些致力于解决与当地条件和需要（气候、文化、社会、经济等）相适应的作品。探索建筑的乡土性和研究建筑文脉也是一项判断的根据。为平衡选择类型，现代性也在考虑范围之内，不过在中东这类建筑多半是仿效西方建筑，很少考虑地方的实际情况。评选过程中调查了许多不同的类型，而且尽可能地考察了自20世纪初以来的不同时期的建筑。最后，令人遗憾的是在遴选中免不了会有疏漏，或者没有将某些好建筑列入。

G.阿比德（George Arbid）

　　生于1961年，1988年毕业于黎巴嫩美术学院，1990年起任该学院建筑历史和建筑理论教授。1990年获平山建筑奖。目前在哈佛大学设计研究生院攻读建筑历史与理论博士学位，致力于黎巴嫩现代建筑史的研究。1990年起他即在黎巴嫩从事设计业务，建成的作品中有萨拉姆住宅、夏布住宅以及与F.达格尔合作设计的奥德住宅。

评语

　　在选择作品时，把黎巴嫩这样一个国家中的现代建筑限制在一定数量之内，不可避免地影响对这一事物的理解。仅仅依靠少数几个实例想要得到关于建筑类型、内容、材料的运用，解决气候问题、传统、建筑风格、外界与内部的影响以及有关建造的其他各方面的种种评价，实在是件困难的事。选择的项目必须能反映现代建造的建筑的多样性，也要反映它们共有的品质。有一些建筑师，他们的作品与最终选入本卷的建筑同样具有代表性，但不可能都列入。

S.博兹多安（ Sibel Bozdogan ）

　　现任教于麻省理工学院建筑系，讲授历史、理论和评论。她攻读于安卡拉的中东理工大学，1976年获得建筑学学士学位，1979年获建筑学硕士学位。1983年获宾夕法尼亚大学博士学位。在任教麻省理工学院之前，曾于1983年至1984年在伦敦的建筑联盟学院讲授历史及理论；还曾任教于中东理工大学（1984—1986年）、纽约州特洛伊的伦斯勒理工学院（1986—1991年）。她在1979年至1983年间是富布赖特奖学金学者，1994年至1995年获得社会科学研究院奖学金。她也是麻省理工学院的福特国际研究会1993年至1996年的主席。

　　与他人合著有 *Sedad Eldem: Architect in Turkey*（ 1987年）一书。她也曾为 *Architectural Education, The Faculty of Architecture／Middle East Technical University*，以及多学科背景的 *New Perspectives on Turkey* 等期刊写了不少文章。1997年任土耳其 *Rethinking Modernity and National Identity in Turkey* 的共同编辑和撰稿人。目前，她已完成了一部关于土耳其共和国早期民族建筑和现代建筑的文稿的撰写，同时担任 *Architectural Education* 和 *Muqarnas* 期刊的编委。她为本科生讲授现代建筑概论，为研究生讲授现代主义、东方学、民族主义和后殖民地时代特征等有关交叉文化潮流的建筑表现的课程。

评语

　　土耳其建筑作品的提名主要是根据这些建筑是否能代表这一时代的主要文化、政治和建筑倾向而定的。要从一份庞大的候选名单中进行选择，这些建筑所特有的优点，如关于形式和空间理念、工艺和构造、美学的提炼等，都是重要的选择标准。现有的现代土耳其建筑文献和建筑历史学家们的建议也都在考虑之内，因为他们之间有着共同的看法。总之，建筑并不是一种自在的、只与个人有关的学科，而是作为文化作品的一种形式，是对这一国家政治、社会和历史范畴的注解。

D. 迪巴（Darab Diba）

　　1941年出生于德黑兰，1964年在日内瓦大学美术学院获得艺术和建筑学学士学位，1969年在皇家美术学院获得硕士学位，1974年从伊朗文化部获得建筑学博士学位。他自1969年起任德黑兰大学的建筑学教授，并在1974年至1976年担任其系主任。自1988年起，他也是伊朗高等教育部和住房城市规划部的专家、顾问。他为多种艺术和建筑的期刊撰稿，也担任编委。登载他所撰写的艺术、建筑和人文科学文章的期刊有：*L'Architecture d'Aujourdhui*（巴黎），*Mimar: Architecture in Development*（新加坡、伦敦），*Architecture and Urbanism*（德黑兰）等。他的著作有：*Principles of Architectural Design*（伊朗文化部），*Architecture of the Contemporary Mosque*（伦敦：Academy版），*Contemporary Architecture and Engineering of Iran*（德黑兰版，住房城市规划部，1998—1999）以及 *La Maison Traditionelle d'Isphahan*（巴黎–贝尔维尔建筑学院与德黑兰大学，1999年）等。迪巴于1970年起开始从事设计业务，设计有住宅、大学、剧院、文化中心和园林等；他也曾在1995年至1997年间为德黑兰艺术馆指导或参与多次展览，如"伊朗当代画家"系列等。

评语

在实例的选择中，按现象学的原则多于对质量与内在价值的考虑。恺加王朝的垮台与巴列维王朝（20世纪20年代至70年代）的出现，标志着伊朗在创造国家当代建筑中向西方与现代化运动转变。20世纪60年代产生了一些自觉地把伊朗形式同现代运动的空间价值、构思、技术与材料的有趣结合。70年代后期出现了恢复传统灵感或钻研国际建筑的倾向。这里每项实例无论它是在回复古代类型学特点还是尝试把伊朗建筑的构思与形式同国际上的追求相结合，事实上都代表了这段时期的社会、文化和建筑现象特征，是建筑师所要寻求的道路。

U. 库特曼（Udo Kultermann）

美国圣路易斯华盛顿大学荣誉教授。1927年生于德国的斯德丁（什切青，现属波兰），曾攻读于德国的格赖夫斯瓦尔德大学与明斯特大学并于1953年获得博士学位。1959年至1964年先后任德国的施洛斯、莫斯布罗赫和莱沃库森的当代艺术馆馆长，经常参与对艺术与建筑作品的评选和参加国际会议。从1967年起成为圣路易斯华盛顿大学的建筑学教授，直至1994年。目前住在纽约。

他的著作有25本以上，内容涉及建筑学、当代艺术、艺术史和理论等，其中不少被翻译成多国文字。这些著作包括：*Architecture of Today*（1985年），*New Japanese*（1960年），*New Architecture in Africa*（1963年），*New Architecture in the World*（1965年），*New Directions in African Architecture*（1969年），*Kenzo Tange-Architecture And Urban Design*（1970年），*Architecture in the Twentieth Century*（1977年），*Architects of the Third World*（1980年），*Architecture in the Seventies*（1980年），*Contemporary Architecture in Eastern Europe*（1985年），*The Basilica of Maxentius—A Key Work of Late Antiquity*（1997年），以及*Contemporary Architecture in the Arab States*（1999年）等。

评语

选择本卷中东建筑作品的原则是：作品的意义与它所建造的时期是关联的；作品的性质与它所处的国家特点是相关的；对待作品的态度是与20世纪的建筑发展相联系的。选择的目的是要使20世纪中的五个阶段和不同的地区得到平衡，以便提供一个使人能更好地了解世界各地建筑相互关系的客观与可行的依据。

A. 尼灿—西夫坦（Alona Nitzan-Shiftan）

美国麻省理工学院建筑系历史、理论与评论室博士研究生，以色列技术大学建筑城规学院研究员并教授设计课。她在该校取得学士学位，在麻省理工学院取得硕士学位，其论文题目为"Erich Mendelsohn From Berlin to Jerusalem"。她还与人合作出版了论述建筑史中犹太复国主义各种创作倾向的著作。她的博士论文探讨耶路撒冷从1967年至1977年间民族主义和建筑观点的发展趋势。

评语

我提出的作品名单突出了犹太复国主义和以色列建筑的主要时期。选择的作品表现了20世纪30年代以来在犹太文化景观中迅速和直接吸收现代主义的各种倾向，它们与英国保留地方传统的做法决然对立。以色列建国后，早期的修正现代主义以空间包装形态学、地方粗野主义和巴勒斯坦乡土风格等形态表现。在选择作品时，我花了较大精力选择了那些精巧且诗意地将东西方文化结合的作品。在一个人们极力夺取的地域中，这种夹缝作品额外地具有了复杂性。为了更好地理解这些建筑如何适应社会、政治和文化条件，我们还加上了20世纪早期的东方折中主义、以色列有关社会住宅试验以及20世纪的巴勒斯坦建筑等的代表作。最后入选的作品是别人决定的，不一定代表本人提名表的选择次序。

N. 拉巴特（Nasser Rabbat）

麻省理工学院建筑系的研究建筑历史、理论与评论的建筑历史副教授，自1991年1月起便在该校任教并致力于伊斯兰建筑史、中世纪城市史、编史学和后殖民地建筑评论的研究，并开设了伊斯兰世界的一般与特定地区如开罗的居住建筑等课程，同时主持了伊斯兰城市研究、建筑文化意义和东方主义及其表现等学术讨论。他还对早期伊斯兰古典建筑传统的保存与19世纪英、法在中东的建筑作品感兴趣。

他是The Citadel of Cairo: A New Interpretation of Mamluk Royal Architecture（1995年）一书的作者。作为此书基础的博士论文于1991年获得由中东研究协会颁发的M. H. 克尔博士论文奖。他最近的论文有"Architects and Artists in Mamluk Society: The Perspective of the Sources, Journal of Architectural Education"（1998年9月）；"The Iwan: Its Spatial Meaning and Memorial Value, in Bulletin d'Etudes Orientales"（1997年），"My Life with Salah al-Din: The Memoirs of Imad al-Din al-Katib al-Isfahani, Edebiyat"（1996年秋）；"Al-Azhar Mosque: An

Architectural Chronicle of Cairo's History"（*Muqarnas*，第 13期，1996年）和 "The Formation of the Neo-Mamluk Style in Modern Egypt" 等。他还为《伊斯兰百科全书》《可兰经百科全书》《晚期古代世界》等提供建筑词目。目前他正在为两本书的写作进行研究，它们的暂定名称是 *Shaping the Mamluk Image: The Scope of the Sources and Historicizing the City* 和 *The Significance of Maqrizi's Khitat of Cairo*。

评语

20世纪的叙利亚建筑几乎不为人知，然而叙利亚的建筑师却在积极探索对地域性建筑的表现，这在那些接受了现代主义但原非自造产品的国家中是明显的。因而我尽可能在可获得的有限资料中提供一些存在于大马士革和阿勒颇的实例，它们代表了叙利亚在20世纪的历史中各个时期的重要探索。

中方协调人

罗小未

生于上海，1948年毕业于上海的圣约翰大学。1980年起任同济大学教授。注册建筑师，从事建筑教学与设计。曾受邀赴各大学讲学，其中有美国圣路易斯的华盛顿大学、麻省理工学院、哈佛大学、哥伦比亚大学，澳大利亚的阿德雷德大学，英国伦敦的建筑联盟学院、伯明翰大学等。主要学术著作有:《外国近现代建筑史》

《19世纪前外国建筑历史图说》《上海建筑指南》《上海弄堂》等。现任上海建筑学会名誉理事长、美国建筑师学会荣誉资深会员、期刊《时代建筑》总编辑、国际建筑师协会建筑评论家委员会成员等。

项 … 目 … 评 … 介

第 **5** 卷

中、近东

1900—1919

1. 哈桑 – 阿伯特广场

地点: 德黑兰，伊朗
建筑师: 不详
设计/建造年代: 约1900

广场的南、北端各有两层楼房，都是20世纪早期受欧洲建筑影响的佳作。丰富和明晰的石构墙面、塑型粉刷装饰、精细的贴砖，对称庄重，反映出恺加人（Qajar）的爱好。建筑有一中央主入口，隅角上各有小型穹隆。

建筑的每一层都有供遮阴和交通用的拱廊，楼梯设在中部和屋角。主入口各有四个开间，端部为圆形，底层内设商店，楼上为办公室。

房屋用途几经更改，后定为城市的历史标志。20世纪70年代早期，广场

← 1 西北角细部
↑ 2 广场西南面景观

↑ 3 西北面全景
↑ 4 西南面入口立面细部

照片由 M. 马达尼提供

东南角的建筑被拆除，代之以国际式的梅利银行。90年代中，广场上的行车道和停车场全部移至地下，广场成为步行广场，还有计划恢复其他的恺加建筑。尽管变化甚大，广场的建筑仍不失为此时期的佳例。◢

参考文献

Marefat, Mina, "The Protagonists Who Shaped Modern Tehran", in C. Adle and B. Hourcade (eds.), *Tehran Capitale Bicentenaire*, Paris: Institut Français de Recherche en Iran, 1992, pp. 88-108.

2. 埃米尔宫（*改建为国家博物馆*）

> 地点：多哈，卡塔尔
> 建筑师：不详
> 重建设计者：M. 赖斯公司（英国伦敦）；M. 赖斯，A. 欧文以及卡塔尔公共工程处 A. A. 安萨里
> 设计／建造年代：约1901；1972—1977（重建）

原来的埃米尔宫约建于1901年，既为寝宫，又是政府所在地，是当时地区乡土性建筑的一件佳作。整个建筑群围绕五个庭院布置。埃米尔的家族居住在最靠西的四个庭院周围的宫室内，而东西两侧的庭院则是议事厅。北部是庞大的厨房和库房，已改为国家博物馆。宫殿用珊瑚石和红树木建造，饰有装饰性的粉刷抹面。从20世纪50年代起该宫已废弃不用，到70年代初已呈颓毁状态。

萨尼在1972年掌权成为埃米尔之后不久就成立了卡塔尔国家博物馆。他

↑ 1 博物馆陈列室

↑ 2 国家博物馆入口

将废弃不用的宫室改建为
新的博物馆，目的是可以
展示并保持一些文物的形
象和历史，使观众能获得
一些关于卡塔尔历史和特
质的知识。M. 赖斯率领
了一班当地和外国的建筑
师、博物馆学家、修复专
家 等 在 1973 年 至 1975 年
间一起规划、设计和建造
了这一博物馆。

　　博物馆有国家博物
馆、海洋博物馆和水族馆
三幢新建筑，毗连的有一
人工潟湖。新建筑建造在

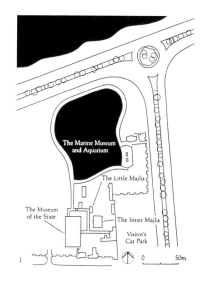

↑ 3 建筑群全景，背景是湖海
← 4 20 世纪 70 年代修复使用
　　的总平面图

↑ 5 庭院
↓ 6 老皇宫议事厅平面图
↘ 7 老皇宫议事厅剖面图

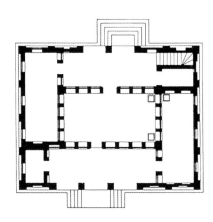

老宫殿的基础上，一部分在邻近的土地上；大部分采用混凝土，辅以传统建筑材料，施以白色。设计人为了尊重朴实的原有立面，把三层高的博物馆的第一层沉入地下。国家博物馆这一建筑群体，既是重建，又阐述着过去，致力于保持传统环境氛围，并在新的环境中体现空间精神。建筑的设计和精心布局的景观是对当地建筑语汇的精辟诠释，影响着从科威特往南直至马斯喀特的阿拉伯海沿岸的建筑。⊿

↑ 8 修复后的大厅内景
↘ 9 皇宫底层平面图
（1.阿里寓所；2.哈米德寓所；3.门卫；
4.国家博物馆；5.阿卜杜拉寓所；6.议
事厅；7.北门公寓；8.小议事厅；9.接
待厅；10.东大门；11.穆塔瓦区）

图和照片由阿卡汗文化基金会提供

参考文献

Holod, Renata and Darl Rastorfer (eds.), *Architecture and Community*, New York: Aperture, 1983, pp. 163-172.
Wright, George R. H., *The Qatar National Museum: Its Origins, Concepts and Planning*, Doha: Qatar National Museum, 1975.

3. 谢赫·扎非尔建筑群

地点：伊斯坦布尔，土耳其
建筑师：R. 阿龙科
设计/建造年代：1903—1904

↑ 1 庭院
→ 2 从街道看陵墓

意大利建筑师R. 阿龙科（1857—1932年）在土耳其有多项作品，其中之一是为德尔维希教团领袖、苏丹的精神顾问S. M. 扎非尔设计的一组群体建筑，包括水泉、陵墓和图书馆。评论家D. 巴利拉利和E. 戈多利认为这一建筑群反映了建筑师"对于德尔维希寺院传统的尊重，圣贤或宗教领袖的陵寝成为虔诚专注的对象……使信奉者（在视觉上）能直觉接触"。水泉和图书馆都含有宗教的意义：在伊斯兰教中，设在屋外的一泓清水，供路人使用，是穆斯林宽厚仁恕的明确表现；在寺院和社会性建筑中常设有图书馆，足证知识的重要。

中央的圆穹顶、圆形的踏步，与正方的平面和陵墓的立方体形成对比。一系列装饰强调着新巴洛克的风格。角上的扶壁柱将立面斜向划分，形成深长的三角形体，其中嵌有长方形窗户。狭窗使人联想起德尔维希式陵墓能窥视内部的"问候窗"。建筑师运用伊斯兰式的钟乳石装饰作为过渡手法，还采用菱形玻璃并镶嵌镀金铜饰的面板。水泉的凹龛也饰有钟乳石状组件。

后来，街道标高被提

← 3 建筑师手稿

图和照片由 S. 博兹多安提供

高，房屋的基层就相对下陷，水泉也被部分遮掩，严重影响了整个轮廓、尺度、节奏，以及与后面房屋的关系。八角形的图书馆内侧有一圈半圆拱顶，表现出的外貌为一钟形屋顶。图书馆与陵墓之间原有一条廊道相连，20世纪70年代修复时靠庭院一侧的廊道已被拆除。

阿龙科将新艺术派和伊斯兰的形式结合进他的现代空间观念之中，有意识地试图创造一种将奥斯曼要素与欧洲特征合二为一的新建筑。他的设计，包括这一珍品在内，在土耳其广受欢迎，可惜他的试验没有继续下去。相反地，一系列政治和社会事件推动着进入一个乡土建筑的运动——土耳其第一民族风格。

参考文献

Batur, Afife, "Yildiz Serencebey-de Seyh Zafir Türbe, Kitapik ve Cesmeesi", *Anadolu Santi Arastir-malari,* Vol.1, 1968, pp. 102-105.
Barillari, Diana and Ezio Godoli, *Istanbul 1900: Art Nouveau Architecture and Interiors*, New York: Rizzoli, 1996, pp. 95-101.

4. 中央邮政局

地点：伊斯坦布尔，土耳其
建筑师：V. 台克
设计/建造年代：1907—1909

V. 台克是一位受过正规培养的土耳其建筑师。伊斯坦布尔的中央邮政局是他最早的重要建筑，被公认为是他的杰作，已成为土耳其第一民族建筑运动的原创作品。这一建筑物中糅合了传统比例的尖拱、角隅小穹顶等奥斯曼要素，及上部带科林斯柱头的高大半圆柱等欧洲特征。

从街道通过端整的阶梯到达柱廊进入邮局。两侧各有楼梯供工作人员使用。中央是营业主厅，上方设玻璃铁构屋顶，犹如19世纪欧洲的银行之类的公共建筑。厅的周侧有各

↑ 1 建筑背后的小清真寺

↑ 2 东北向全景

↑ 3 细部
← 4 中央大厅内景

图 1、图 2 由 METU 档案馆提供，
图 3、图 4 由 H. U. 汗提供

种用房，后部建有一个带
圆形邦克楼的六角形清真
寺，外部装饰华丽，出檐
很深。它是表现现代土耳
其民族特点并引导它进入
新方向的建筑之一。

参考文献

Yavuz, Yildirim and Suha Özkan,
 "The Final Years of the Otto-
 man Empire", in R. Holod and
 A. Evin (eds.), *Modern Turkish
 Architecture,* Philadelphia: Uni-
 versity of Pennsylvania Press,
 1984, pp. 41–43.

5. 希贾兹火车站

地点: 大马士革, 叙利亚
建筑师: D. 阿兰德
设计/建造年代: 1908—1912

↑ 1 沿街立面景观
↦ 2 背面外观（月台）

照片由 N. 拉巴特提供

这一火车站引进了新的建筑类型，其形式被视为一种"现代阿拉伯"式。虽然不能完全肯定谁是设计人，但有若干记载说是西班牙建筑师D.阿兰德的设计，时间约在1908年（现存的蓝图上标的是1912年，但火车站落成于这一年）。人们对阿兰德知道得不多，知道他在那段时间内在大马士革与当地建筑师和营造商共同有过不少业务。

火车站呈对称形；三段式的街道立面上主入口位居中轴线，入内为一大厅，和当时欧洲的许多车站并无二致。铁轨从后部

伸进开敞公共大厅。创新
之处在于箭孔似的拱形开
口和石构的细部等建筑的
表现，带有较古老叙利亚
建筑的几何图案和结构。
屋上还装有时钟。这一车
站是一直持续至21世纪中
期的一种新的地方建筑形
式兴起之初的重要记录。

参考文献

Qutaybai, Al Shihabi, *Damas-cus: History and Photographs* (in Arabic, 3rd edition), Damas-cus: Al Nuri, 1990.

6. 贾瓦姆·苏丹宅 (现为玻璃陶瓷博物馆)

地点: 德黑兰, 伊朗
建筑师: 不详
再利用设计: H. 霍莱茵
设计 / 建造年代: 1910—1915

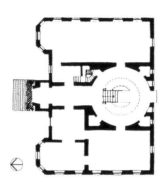

← 1 底层平面图
↓ 2 主入口
→ 3 正面外观

这一住宅坐落在老广场的清真寺北面的一座园内, 作为园的一部分, 与传统伊朗庭院住宅截然不同的是, 它面对12月3日街, 而不是呈最佳的南向, 再加上装饰细部, 其形象都表明这是一栋最时新的西式住宅。原建筑是一小组代表着20世纪伊朗精神和希望的住宅建筑中的一栋, 由当时的工匠建造。也许并无建筑师参与其事, 至少没有任何有关建筑师的记载。

建筑分为两层，有一层地下室，平面对称，立面精致。窗的上方饰有山花，立面正中的门廊具有三分高窗，两旁竖有带棱立柱，上承阳台。屋角的开间呈外突八角形。平屋顶下饰以砖砌宽线脚。平面中央圆厅内设有一座楼梯，引人注目。底层内有客厅、餐厅、办公室和等候室，楼上则有三间卧室、两间起居室和两间浴室。另有一座服务楼梯连通上下。

20世纪40年代中这座建筑是首相官邸，从50年代起为埃及大使馆所用，至1977年由伊朗政府购买后请奥地利维也纳的建筑师H.霍莱茵设计为玻璃陶瓷博物馆。霍莱茵将此建筑修复，增添了新的照明、机械和保安设施。他还设计了展示方式——采用钢材和玻璃来制作展橱和其他物品。壁炉虽然已不再使用，但大多被保留着。结构用砖墙，外表贴耐火面砖。原来的木地

板盖以大理石或地毯。原有的粉刷顶棚一部分给予保留，一部分改用预制金属板。原有部分与新的部分有明显的区分。此建筑可以作为了解恺加王朝时期历史和建筑的教材。新的用途和增添的部分是对古旧的一种理性思辨。H.霍莱茵在1980年一次谈话时说："由于新的部分有其自身的特征和品质，因而在恺加的环境中通过其内涵会表现出传统的存在。"

↑ 4 主楼梯与圆屋顶
← 5 水晶室展橱

图和照片由参与修复的建筑师提供

参考文献

Marefat, Mina, *Building to Power. Architecture of Tehran 1921-1941*, unpublished Ph.D.thesis, Cambridge: Massachusetts Institute of Technology, 1988, pp. 132-136, 185-188 and 552-554.
Hollein, Hans, "Tehran Museum of Glass and Ceramics", in Linda Safran (ed.), *Places of Public Gathering in Islam*, proceedings of a seminar, Philadelphia: Aga Khan Award for Architecture, 1980, pp.93-99.

7. 瓦基夫汉尼四号楼

地点: 伊斯坦布尔, 土耳其
建筑师: K. 贝伊
设计/建造年代: 1911—1926

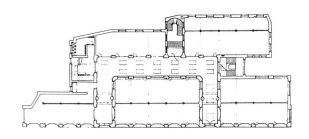

这一办公楼设计于
1911年（另有三栋, 故按
序称为四号）。建筑师贝
伊（1870—1927年）是土
耳其第一民族建筑运动的
创始人之一。1912年开工
后即为第一次世界大战所
阻, 至1926年方落成。

建筑的平面为了配合
用地形状呈踏步式。地面
六层楼内容纳24家商店、
148间办公室和服务设施,
下有一层地下室。正立面
上以两个入口分为三部
分, 从入口进去是一条马

↑ 1 底层平面图
↗ 2 入口处局部

← 3 西南面全景
→ 4 拱廊内景

图 2、图 4 由 H. U. 汗提供，其余由中东理工大学档案馆提供

蹄形的开敞通道。中间层的窗楣用尖券，顶层则采用三券窗。顶层有部分出挑。两角设有小穹顶作为房屋的收头。外墙有部分饰以花叶和白色、绿蓝色相间的面砖。正立面以石为面，其余各面为粉刷和涂面砖墙。"民族建筑风格"的特征浓厚。

结构采用钢柱钢梁在土耳其尚属先例。出挑深远的屋檐由钢牛腿支承。屋面用石棉板。

K. 贝伊的建筑语言脱胎于经典的奥斯曼建筑和三分拱顶的新罗马风建筑，影响着土耳其新建筑的定位定向。这座建筑一直是贝伊最优秀的作品之一。

参考文献

Yavuz, Yildrim, *Mimar Kemalettin*, Ankara: ODTU, 1981, pp. 173–185 and 271–279.
Yavuz, Yildrim and Suha Özkan, "The Final Years of the Ottoman Empire", in R. Holod and A. Evin (eds.), *Modern Turkish Architecture*, Philadelphia: University of Pennsylvania Press, 1984, pp. 44–50.

8. 火灾难民公寓

地点: 伊斯坦布尔, 土耳其
建筑师: K. 贝伊
复原工程: 土耳其伊斯坦布尔建筑与城市规划公司; E. 埃顿加
设计/建筑年代: 1919—1922; 1985—1987 (改建)

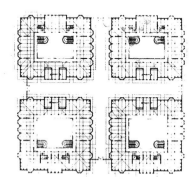

← 1 底层平面图

1918年伊斯坦布尔曾发生一场火灾, 毁了3000余幢房屋。K. 贝伊为受灾的低收入家庭设计了一组多层住房。这是他在伊斯坦布尔的最后一项工程, 经费由该市居民捐献。火灾难民公寓位于两条道路交叉口角上, 邻旁是18世纪巴洛克式的拉勒里清真寺。

公寓共有四幢六层楼房, 可容纳124户居民和25家商店。每幢的上面四层是公寓, 其中顶层设有平台作公共与洗衣用。四幢房屋围绕一个共用的庭院布置。面对大街的两幢, 底下两层开设商店。带有共用设施的开敞中间庭院、楼梯、过道都设计成社交的场所, 这在当时的公寓设计中尚属新颖。

结构采用钢筋混凝土框架, 在土耳其也是最早的。墙身砖砌, 外面粉刷。底层商店和二楼的窗户都用拱券, 而前排沿街建筑顶层的窗上面则有波状屋檐。

1922年公寓落成后, 立即在土耳其上层社会中受到欢迎。"虽然构思于西方模式, 这群建筑的式样将奥斯曼帝国的传统和民族建筑的当代思想结合起来, 备受赞赏。"Y. 亚武兹和S. 厄兹坎写道, "这一折中的成果与那时期的公众感情相一致。"

1985年, 当地一家公司计划将该建筑改建为一个可容纳575名旅客的五星级旅馆。建筑师E. 埃顿加、历史学家H. 贝斯丁

↑ 2 西南街景

↑ 3 建筑修复后为一家旅馆

塞利克与工程师 H. 卡拉塔斯参与其事。结构用钢材加固，原立面加以调整，并拆除了所有内墙。幢与幢之间的空间盖以玻璃屋顶，形成内部天光中庭。虽然实质上都有所改变，但新的用途和布置对于保持原设计还是很注重的，这对伊斯坦布尔市内一些旅馆设计也颇有启发。

参考文献

Yavuz, Yildirim and Suha Öz-kan, "The Final Years of the Ottoman Empire", in Holod and Evin (eds.), *Modern Turkish Architecture*, Philadelphia: University of Pennsylvania Press, 1984, pp. 47–50.

"Istanbul Ramada Hotel" (unpublished document), Geneva: Aga Khan Trust for Culture, 1992.

Yavuz, Yildirim, *Mimar Kemalettin*, Ankara: ODTÜ, 1981, pp. 271–279.

↑ 4 中央庭院之一，有通向房间的外部楼梯和阳台

图 3 由 S. 博兹多安提供，其余由 METU 档案馆提供

第 **5** 卷

中、近东

1920—1939

9. 阿尔贝特大学

地点：巴格达，伊拉克
建筑师：J. M. 威尔逊
设计/建造年代：1921—1924

1921年伊拉克建立起新国家后，政府就开始建造新建筑，其中之一就是阿尔贝特大学。为此政府成立了一个由伊拉克人和外国人组成的筹备委员会，着手制订计划。大学中共设六个学院——宗教、法律、医学、工程、文学和艺术。此外还有教职员和学生住房，以及包括会堂、行政、服务和体育设施的中央大楼。当时任伊拉克公共工程处主任的J. M. 威尔逊少校（1887—1965年）负责全部设计工作。1926年他成立了事务所，继续活跃在中东地区。

从大门进入学校是一条位于体育场地之间的道路。中央大楼将校园一分为二，居住部分靠近底格里斯河，各学院在路的一侧。大楼的穹隆顶对称地设有窗户，可观河路胜景。首先施工的是宗教学院，于1924年落成。楼为二层，是对称的古典形式。楼内主厅上方为穹隆顶。屋顶与厅之间有孔隙，日光得以照入。

设计安置中央空调设备之前，这座建筑具有若干减轻酷热的成功措施。楼中间一条33米长的走道，宽达3米，一头通向一个庭院，六间高顶棚的教室分列两旁。教室的外侧建有4米宽的廊道，既能遮蔽炫目阳光，又可供学生活动之用。在适当地方设置腰窗引导穿堂风，房屋朝向以西北为主，这些都能减弱气候影响。墙身厚75厘米，隔热良好。

房屋的组合、庭院以及拱券构成立面的节奏。建筑用承重砖墙，清水墙面给校园以统一性，伊拉克传统优良的砖建筑亦在此保持着。设计时还考虑了每栋楼有可能扩建。这一大学为现代伊拉克建筑奠定了基调。

↑ 1 从主路看阿尔贝特大学

参考文献

Sultani, Khalid, "Architecture in Iraq between the Two World Wars, 1920-1940", *UR: The International Magazine of Arab Culture*, No.2-3, 1982, pp. 102-105.
Parkyn, Neil, "Consulting architect: architectural landmarks of the recent past", *Middle East Construction*, Vol.9 No.8, August 1984, pp. 37-41.

← 2 砖砌筑，立面细部

10. 阿色姆宫博物馆（改造）

> 地点：大马士革，叙利亚
> 建筑师：M. 埃考夏德与文物局；S. 伊马姆负责后续工作
> 设计/建造年代：1922—1936；1946—1954；1962—1983

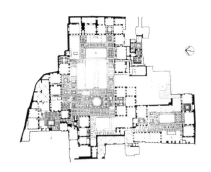

　　大马士革老城内的阿色姆宫是中东地区18世纪的杰出建筑之一。其用地在这座历史城市的不规则形态中配合自如，宫室内向，背对四邻。宫内有三处院落，中间最大的属内宫，东南隅的用来接待宾客，北部庭院最小，周围是厨房和库房。

　　1922年，当时的法国代管政府买下了内宫。1925年，在一次风波中宫殿遭到破坏后，M. 埃考夏德（1905—1985年）将其

↑ 1 底层平面图
⤷ 2 石工细部

↑ 3 重建的庭院和建筑

改建为法兰西学院，1930年启用。埃考夏德还于1936年在用地上为学院院长设计了一栋现代住宅。接着他在1946年至1954年间重建被毁的房屋，改成博物馆。1951年归还叙利亚政府，用作民族博物馆，S.伊马姆被委任为馆长，负责维护工作。东南隅部分于20世纪60年代初开始重建，延续了近20年。

阿色姆宫的改建工程由当地工匠施工，采用石料和从用地上以及城市其他地方汇集来的房屋组件建造。被毁的上部建筑采用混凝土，外墙面用条状石砌。改建工程并不完全按照原设计，而是将原设计根据博物馆的需要加以修改，其中包括新设的楼梯。改建中还新设了全套现代基础设施。

1983年，本项设计获阿卡汗建筑奖。评委们认为本项设计"在处理被毁部分"中富于想象力，在重新建立文化特征和文化

↑ 4 院长的现代住宅
↓ 5 从街道看内宫

图1、图4由阿卡汗文化基金会提供，图2、图3由M.帕拉恩里亚提供，图5由N.拉巴特提供

延续性方面已成为有代表性的一个项目。

参考文献

"Reconstruction of Azem Palace, Damascus", *Architectural Review*, Vol.174 No.1040, Oct. 1983, p. 109.
"Maintaining Cultural Continuity and Traditional Skills", *Architectural Record*, Vol. 171 No.11, Sept. 1983, p. 74.
Cantacuzino, Sherban (ed.), *Architecture in Continuity*, New York: Aperture, 1985, pp. 162–169.

11. 萨义德酋长府邸

地点：迪拜，阿拉伯联合酋长国
建筑师：不详
复原工程：M. 马基亚事务所与市政府
设计/建造年代：1926；1984—1995（复原）

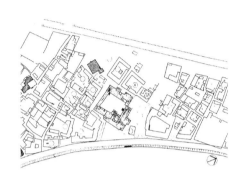

←1 总平面图
↓2 修复后的石膏花饰
　和新门
→3 庭院和风塔

萨义德酋长府邸位于迪拜市的兴达迦区，河的西南面。20世纪20年代建造后一直为迪拜的统治者家族居住，至1980年为止。建筑的大部分受到破坏，几经研究之后，政府决定复原旧屋，并改建一部分。在复原中，木雕屏幕完全照原样复制，带装饰的粉刷墙面都用原有的粉刷面翻制样板再复制；通过对熟悉府邸的人进行访问，收集了尽可能多的资料。现在的建筑用作博

↑ 4 建筑全景
↘ 5 底层平面图

照片由 H. U. 汗提供，图由迪
拜市政府提供

物馆，并保持着完整的居
住环境。

　　建筑采用中间庭院的
布局，周围为二层楼房，
主入口设在南面。上、下
层大部分房间都有面向庭
院的荫蔽廊道。外立面口
有小龛、凹口和供通风的
小孔洞。四座风塔能在炎
热的夏季将空气抽向房屋
的中央部分，到寒冷季节
可以关闭。19世纪和20世
纪中在这一地区建造了一
些类似的石灰岩房屋，采
用立柱、木梁、泥地、草
顶。房屋的开间长宽多约
3米，这是一般棕榈木可
达到的跨度。这一建筑在
本地区内是20世纪的重要
乡土建筑。

参考文献

A Windtower House in Dubai,
London: Art and Archaeology
Research Papers, June 1975.
　　"Restoration of Sheikh Saeed
House" (unpublished), Gene-
va: Archives of the Aga Khan
Award for Architecture, 1989.

12. 港监总部办公楼

地点：巴士拉，伊拉克
建筑师：J. M. 威尔逊，F. 伊文斯
设计/建造年代：1927—1929

J. M. 威尔逊（1887—1965年）在完成了巴格达的法萨尔王宫设计之后，即被委托设计巴士拉港务监督总部办公楼。巴士拉在20世纪后期已成为重要的城市和港口。

C. H. 林德赛·史密斯在描述这栋楼时说它"是港口的活动中心。因此，设计以有穹隆圆顶的中央大厅为特征，办公用房则设于两侧"。大楼有250英尺（约76米）长，70英尺（约21米）宽，穹隆的顶点达66英尺（约20米）高。穹隆顶重275吨。中央大厅四周有廊，由六根大理石柱支承。地坪、楼

↑ 1中央大厅内通向廊道的楼梯(建筑师的渲染图)

梯均以大理石铺覆。

承重墙用当地产的砖砌成，立面经精细处理，由比例匀称的各部分组成（大楼的水彩渲染图为建筑师本人所作，相当美观，极现建筑之真）。正立面有两层高的拱券，二楼沿路的走廊得以遮阴。垂直型的凹口在改善气候方面很有效果。穹隆顶面按伊拉克传统铺饰釉砖。砖墙砌筑设计精美，建筑的比例以及明晰的平面使这座建筑成为当时的佳品。建筑师设计的功力当受推崇。◢

← 2 正面外观
↑ 3 入口立面（建筑师水彩画）

图和照片由威尔逊和梅森事务所提供

参考文献

Lindsey Smith, C. H., *JM: The Story of an Architect*, London: Wilson & Mason, 1976, pp. 8 and 25.
Sultani, Khalid, "Architecture in Iraq between the Two World Wars, 1920-1940", *UR: The International Magazine of Arab Culture*, No.2-3, 1982, pp. 93-105.

13. 洛克菲勒博物馆

地点: 耶路撒冷
建筑师: A. B. 哈里森
设计 / 建造年代: 1929—1937

洛克菲勒博物馆是英国人在英属巴勒斯坦托管地所建造的唯一的文化机构，是东方主义建筑的重要作品。J. 洛克菲勒捐助了大部分经费，共计200万美元。博物馆位于耶路撒冷老城的东北角附近，馆藏集中于1700年前的巴勒斯坦文化。1938年向公众开放。

该建筑最显著的是入口上方的八角形塔。而评论家 D. 克洛扬克指出博物馆的内院才是焦点所在:

↑ 1 底层平面图
← 2 八角形塔和石工细部

↑ 3 从街道看入口和塔楼

↑ 4 博物馆中三个庭院之一

图和照片由耶路撒冷犹太民族文化
中心档案馆提供

"勾起对西班牙14世纪阿兰布拉宫的回忆。东方和西方的要素在设计中融合无间……不论在结构上或装饰上都充满着穆斯林和东方建筑的关联。"和当时其他建筑一样，由于市政的规定，博物馆采用钢筋混凝土结构，外贴当地石材。

这一建筑表示出英国政府致力于创造一种新的殖民建筑形式。而在这一时期，当地的建筑师试图发展一种新的以色列或是复兴犹太精神的建筑。

参考文献

Kroyanker, David, *Jerusalem Architecture*, New York: Vendome Press, 1994, pp. 150-151.
Harlap, Amiram, *New Israeli Architecture*, Rutherford: Fairleigh Dichinsum University Press, 1982, pp. 45 and 51.
Ahimeir, Ora and Michael Levin (eds.), *Modern Architecture in Jerusalem*, Jerusalem: Institute for Jerusalem Studies, 1980, pp. 22-25.

14. 恩格尔公寓

地点: 特拉维夫，以色列
建筑师: Z. 雷希特
设计/建造年代: 1930—1933

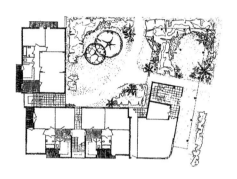

Z. 雷希特 (1899—1960
年) 受勒·柯布西耶 "五
要素"、包豪斯和国际式
的影响，是巴勒斯坦这一
形式的著名引导者之一。

恩格尔公寓高四层，
平面呈 "U" 字形，混凝
土结构，部分底层架空，
是巴勒斯坦托管期间采用
国际式的第一座建筑。建
筑上还设有国际式的横向
条窗和木制可调节遮阳设
施。有些窗外有较窄的可
供遮阳的阳台。

很可惜的是房屋没有

↑ 1 底层平面图
↳ 2 街角一景

↑ 3 西面外观
↓ 4 "U"字形庭院

图和照片由 Y. 雷克特提供

得到很好维护，已显颓废迹象。现代的建筑语言，以及周到的形体组合，使该建筑成为这个地区建筑中的精华。

参考文献

Harlap, Amiram,*Israeli Architecture*, London: Associated University Press, 1982, pp. 51–52.
Herbert, Gilbert, "On the Fringes of the International Style: Transmissions and Transformations", *Architecture SA*, 1987, pp. 36–43.

15. 伊朗巴斯坦博物馆

地点: 德黑兰, 伊朗
建筑师: A. 戈达, M. 西鲁
设计/建造年代: 1931—1936

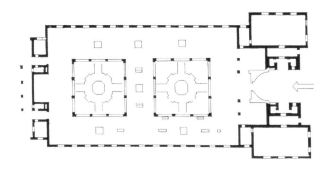

建筑师戈达（1881—1965年）也是位考古学家，是在伊朗政府任职的第一位建筑师。他与伊朗最富创造力的外国建筑师M. 西鲁（1907—1975年）合作设计了许多主要的公共建筑，包括他任馆长的巴斯坦博物馆。后来，西鲁在馆后扩建了一部分。

博物馆由法国人出资创办，陈列历史文物和文件。该馆为二层对称砖屋，共3400平方米。明显地受位于伊拉克泰西封的

↑ 1 底层平面图
← 2 入口大拱内景

萨珊王朝遗迹之一的宏伟拱券的影响，三段式立面上巨大的拱券由高大、外突的半圆柱所支承，比例匀称，庄重雄伟。然而，它面向南方，大量阳光入射，有害于陈列品的保存。大拱券构成门廊、引入展示区、图书室和会议室。室内设计在比例和细部上反映出波斯历史建筑的风格。

参考文献

Marefat, Mina, "The Protagonists Who Shaped Modern Tehran", in C. Adle and B. Hourcade (eds.), *Teheran Capitale Bicentenaire*, Paris: Institut Français de Recherche in Iran, 1992, pp.88-108.
Adle, Chahryar, "Maxime Siroux", *le Monde iranien et l'Islam*, Vol.3, 1975, pp. 127-129.

← 3 入口外观
↑ 4 转角细部
↑ 5 博物馆后附设建筑

图和照片由 M. 马达尼提供

16. 国会大厦

地点：大马士革，叙利亚
建筑师：不详
设计/建造年代：1932—1948

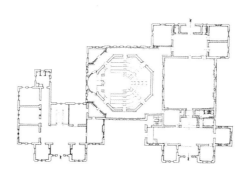

↑ 1 底层平面图（原建
筑在右，国会大厦
在中，新办公楼
在左）
← 2 房间穹顶

从建筑学角度来说，
这是叙利亚在那时最为重
要的公共建筑，然而建筑
师的名字却已失传。国会
大厦的建造历经两个阶
段。会堂和总共200平方
米的六间办公室动工于
1932年。建筑师在这些石
构房屋内用大理石铺地，
彩色大理石蒙墙面，外墙
则用粉刷板。这座建筑在
1945年的武装骚乱中遭受
破坏，随后更新扩大。

1945年更新工程开
始，增加面积400平方米，

↑ 3 沿街立面景观

添了一个140座的会堂，在几个楼厅里另有300座供参观者用。室内由匠师卡耶特（Abu Suleyman Al Khayat）设计，他融合了法蒂玛王朝、安达卢西亚、倭马亚和阿拔斯王朝的艺术和建筑风格。1947年又增添了办公室，至1948年终于完成。然而，由于经费紧缺，室内部分至1954年大厦完全运转时才竣工。大厦外墙为白砂岩、玄武岩和黄大理石饰面。最引人注目的是会堂内部的精美设计。

↑ 4 国会大厦全景
← 5 议会大厅

图4由N.拉巴特提供，其余图和照片摘自 *Journal of the Order of Engineering*，1955 年

参考文献

"The Building of the New House of Representatives" (in Arabic), *Journal of the Order of Engineers*, Vol.1, Issue 1, Jan. 1955, pp. 4–34.

17. 展览馆（改为国家歌剧院）

地点：安卡拉，土耳其
建筑师：S.巴蒙楚
设计/建造年代：1933—1934

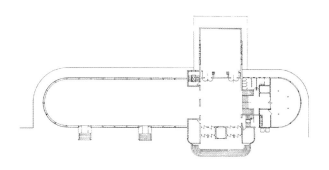

土耳其在1930年经
济萧条之后，政治、经济
和思想意识都在重新调
整，这时候，成立了国家
经济储蓄会。该会出于对
日常用品消费进行促进的
目的，计划建立一座展览
馆，以展示当地商品。通
过国际设计竞赛，选出
方案。当地的建筑期刊
*Mimar*记载说，"土耳其建
筑师S.巴蒙楚获首奖，这
不是偶然的"。

建筑中间为长形，两
端半圆形，展示区横贯其

↑ 1 平面图
← 2 入口拱廊
↓ 3 大厅内景

← 4 改为歌剧院之后的入口外观
→ 5 东南侧外观局部

图 1 由 METU 档案馆提供；图 2、
图 3、图 4、图 5 取自老明信片，
由 S. 博兹多安提供

中，门厅有高大的柱廊，整个构图呈不对称状。建筑的长边平行于大街。门厅高耸的体块上有一标志性的时钟和眺望塔。各层的层高有差异，表示出内部空间的层次。展示厅内部靠水平带窗获得天然采光，带窗也突出了水平的立面构图。厅用钢筋混凝土结构。而高塔用的是 2 米厚的承重砖墙。外墙面用粉刷和涂料。

巴蒙楚的设计在平面的几何表现上深受包豪斯的影响，而在细部上却很少。1948 年由建筑师 P. 博纳兹把它重新设计为国家歌剧院，他将原来现代派的品质改为更具土耳其特色的建筑，增添了历史建筑的细部，甚是可惜。一度十分显著的设计，从此不再存在。

参考文献

"Sergi Binasi Musabakasi" (Competition for the Exhibition Hall), *Mimar* 2, May 1933, pp.131-135.

"Sergievi-Ankara", *Arkitekt*, No.4, 1935, pp. 97-107.

18. 王陵

地点：巴格达，伊拉克
建筑师：G. B. 库珀
设计/建造年代：1933—1936

↑ 1 侧面外观
↑ 2 砖瓦拱廊细部

王陵位于几条放射状道路的交会点上。库珀挑选了若干19世纪阿拉伯陵墓建筑的特征，完整不动地应用在王陵上。平面呈对称状，有三个厅，每厅之上覆有穹隆顶。中间的圆厅最高，有22.3米高。穹顶顶端连同它的基座在内，又是一个10米高。主厅地面为白色大理石，用黑色大理石嵌铺成12角星状。每一尖角指向一个1.7米宽、2米深、11米高的壁龛。主厅两旁的穹隆各高12米。主入口和东立面的柱廊走道用彩色面砖铺成几何图案。主入口高于两旁的走道，使人追念起13世纪巴格达的穆斯坦桑利亚学校。双柱支承的柱廊走道通向两座较小的圆厅，其一为费萨尔一世的陵寝，另一为纳加济一世墓。

墙面为当地产的黄砖，无光而沉着，衬托出绿色的穹隆和柱廊。从阳光下进入暗淡的室内，对比强烈，创造出静穆的气氛。它是那时期东方主义的佳作。

参考文献

Sultani, Khalid, "Architecture in Iraq between the Two World Wars 1920-1940", *UR: The International Magazine of Arab Culture*, No.2-3, 1982, pp. 103-104.

↑ 3 入口外观

↪ 4 主（东）立面（建筑师草图）

图和照片由英国萨里郡金斯敦与泰
晤士的查迪吉研究中心提供

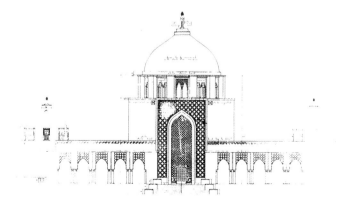

19. 肖肯住宅、办公室、图书馆

▎地点：耶路撒冷
▎建筑师：E. 门德尔松
▎设计 / 建造年代：1933—1936

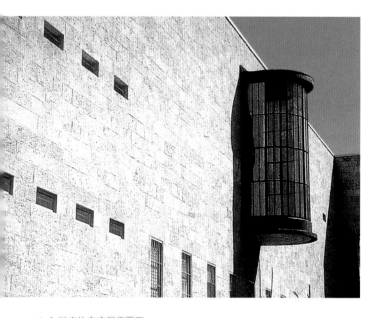

↑ 1 肖肯住宅底层平面图
↑ 2 图书馆墙及南向窗的细部

以强劲有力的现代建筑而著名的E. 门德尔松（1887—1953年）到了巴勒斯坦后将他的设计思想与新的环境相适应，从而又找回了自己。20世纪30年代中，他曾经写道："当欧洲的建筑新实践早已达到清新的布局、简洁的构造和合乎逻辑的表现时，在新兴的巴勒斯坦则尽是些对欧洲新建筑无知的抄袭……他们的建筑师使用着水泥和玻璃，因为他们没有时间，也不

知道去研究当地的气候条件。"这就是门德尔松决定要做出反应的背景，这可以从他早期两件作品中表现出来，那就是魏茨曼住宅和肖肯住宅。后者的主人S.肖肯是犹太精神复兴主义者，也是出版商和百货商店店主。更早些时

候，他也曾委托门德尔松在欧洲设计过若干重要的作品。

肖肯住宅坐落在耶路撒冷一个住宅区的低山上，用地足有2英亩（约0.8公顷），俯视莫阿伯的沙漠和群山。住宅朝向迎着主导的西北风，却不受

日光直射。长方形的组合突出水平面，与端正的狭长直窗形成对位。墙身由38厘米厚的混凝土筑成，外墙面覆有奶油色石灰岩。起居和用餐部分处理得带有凉意，朝向设有水池的南向平台。

肖肯的办公用房和图

↑ 4 图书室内景
↓ 5 图书馆上层平面图

图和照片由柏林艺术图书馆门德尔
松档案室提供

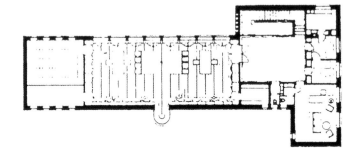

书馆，属另一栋建筑，亦完成于1936年。那是一个矩形房屋，两侧各有较小突出部分，构造与住宅类似，唯一的太阳光源来自半圆形的凸窗。办公室在底层，图书馆和阅览室则在楼上，收藏有六万余卷犹太文献。沿着北墙设有玻璃门书架，书架制作精良，上有条窗采光。

这两栋建筑由于具有节奏感的组合以及竖窗和水平体形的对照，美观异常。同时，又由于材料的运用和对气候的考虑，它们成为代表着地区现代建筑的重要开端。◢

参考文献
⁝

Whittick Arnold, *Erich Mendelsohn*, London: Leonard Hill (second edition), 1956, pp. 112-133.
Zevi, Bruno and Julius Posener, *Erich Mendelsohn* (exhibition catalogue), Berlin, 1968.
Zevi, Bruno, *Erich Mendelsohn*, London: Architectural Press, 1985, pp. 142-148.

20. 孤儿学校（现为技术学校）

地点：德黑兰，伊朗
建筑师：V. 阿瓦内西安
设计/建造年代：1935

建筑师 V. 阿瓦内西安（1896—1982年）为亚美尼亚人，早先在巴黎受培养并在此工作，1935年回到伊朗，人们都称他"瓦尔坦"。他在孤儿学校的设计竞赛中获胜，从此开始了他在伊朗50年的事业。他深受 H. 绍瓦热的新艺术派的影响，然而他设计的建筑却更多地使人联系到 A. 路斯和 A. 贝瑞的作品。

学校靠着街道，水平带状布局，形体简单，明显地为一座现代建筑。建筑为三层，入口处稍高，窗子上方有混凝土水平遮阳带。房间布置在通长的走道两侧。

↑ 1 沿街立面外观

瓦尔坦运用混凝土的手法对伊朗的建筑设计很具影响，为伊朗当代的建筑确立了基调。

参考文献

Marefat, Mina, *Building to Pow-*er: *Architecture of the Tehran*, 1921-1941, unpublished Ph. D. dissertation, Cambridge, MA: Massachusetts Institute of Technology, 1988, pp. 132-136.
Pakdaman, R. Behrouz, *Yadnama-i Vartan Avanessian*, Tehran: Jami'a Moshaviran Iran, 1983.

21. 国家博物馆

地点：大马士革，叙利亚
建筑师：M. 埃考夏德，H. 皮尔森
设计/建造年代：1935—1940

← 1 底层平面图

↑ 2 博物馆原入口
↑ 3 重建的哥尔比堡大门

埃考夏德是中东最具影响力的建筑师之一，1932年至1945年居住并工作于叙利亚。1935年他开始设计国家博物馆，该馆在以后五年中逐步分期落成。建筑的严肃外貌和比例深受中古叙利亚纪念性建筑的影响；其中也有那个时期现代建筑的简洁，那是受包豪斯的影响。

埃考夏德这一作品由英国建筑师 H. 皮尔森审核。建筑与一座古老清真寺隔街相望，位于城市景观之中，由一条主要林荫道引入，林荫道亦是建筑师为城市所规划的一个部分。博物馆呈水平"L"形，其北毗邻一台地花园。从台地可通向博物馆的入口。博物馆楼高三层，东翼仅为二层。博物馆不仅有若干陈列室（展示玻璃制品、雕塑、摄影作品等），还包含有历史性建筑的真实片断或改建部分，如始于公元前2世纪的欧洲犹太教会堂的祈祷室、公元7世纪倭马亚

↑ 4 博物馆后面外观

宫（哥尔比堡）的入口大门和寝室。这个入口大门有立柱、雕像，现已成为博物馆的大门，也是建筑的主件（原有的入口在东侧，可从另一花园台地进入）。大门与这一建筑其他部分的简洁形成对比。由于平面的形状和朝向，各展室的天然采光效果甚佳，也有穿堂风。房屋的其余部分形成一个完整立面，面对着主要道路。

　　博物馆布局的质量和精心的规划，以及悦目的建筑比例，到今天仍然十分明显，使这一作品具有永久的价值。◢

↑ 5 博物馆东侧外观
← 6 底层展廊内景

图 1、图 6 由叙利亚国家档案馆、法兰西建筑学院 20 世纪档案馆提供；图 2、图 3、图 5 由 S. 阿卜杜拉提供；图 4 由 N. 拉巴特提供

参考文献

Abdulac, Samir, "Damas: les années Ecochard (1932–1982)", *Cahiers de la Recherche Architecturale*, No.10–11, May 1982, pp. 32–43.

22. 安卡拉大学人文系馆

> 地点：安卡拉，土耳其
> 建筑师：B. 陶特
> 设计/建造年代：1935—1937

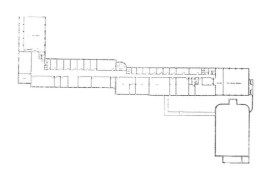

↑ 1 底层平面图
↓ 2 建筑外观

人文系馆地表有五层高，地下有一层，形状长、细。一层明显地高于其他各层。入口处有规整的踏步引上平台和大礼堂，事实上系馆一层部分架空，可供行人穿越，避免绕道。办公室布置在楼层中间的过道两侧，都可直接采光、通风，且可观景。

B. 陶特（1880—1938年）对17世纪伟大建筑师希南（Sinan）的兴趣也许反映在这栋楼的体形、用

← 3 入口外观
↳ 4 建筑一角细部

图 2、图 4 由 S.博兹多安提供，其余由 METU 档案馆提供

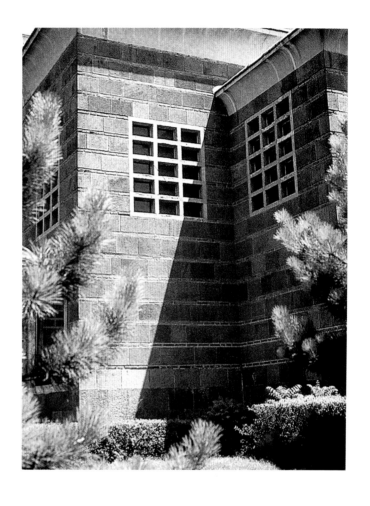

材的细部处理上。入口处用石建造，面材有石有砖。简洁而重复的窗户使立面具有宜人的节奏，强调着与其他开口孔洞相对的关系。其他立面为涂灰泥砖墙。

这一设计是传统土耳其建筑与现代运动相结合的早期探索——其中有一些成为第二民族建筑运动的特征。

参考文献

Aslanoglu, Inci, *Erken Cumhuriyet Dönemi Mimarligl*, Ankara: ODTU, 1980, pp. 101 and 268-269.

23. 马利延汗

地点：巴格达，伊拉克
建筑师：不详
复原工程：文物局
改变用途设计：国家建筑局 W. 马希尔
设计 / 建造年代：1936—1938；1970—1973

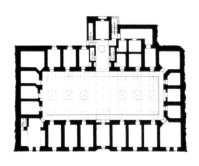

← 1 平面图
→ 2 大厅全景

建于 1358 年的马利延汗是一处沙漠商队驿站，地面层有 22 间客房，二层有 23 间客房。客房都开向中央宽广的大厅，厅长 30 米、宽 10.7 米。14 米高的大厅上有八个相同的拱顶。拱顶和房间之间的墙起着结构支撑的作用。建筑轴线对称，拱状顶棚低浅，比例匀称，优雅得不同寻常。从高窗射入的动人光线，富于节奏感。在大厅四周离地面 4 米高处有一圈回廊，通向二层每个客房。

1936 年，文物局修复了这一建筑，同时监督沿街立面的施工，在原入口的对面还建了一个新入口并增添了两座楼梯。砖墙也进行了整修。在 1958 年，发现该处的地下水位上升，于是加了一层混凝土板以防止湿气。然而这并没有解决问题，终于在 1970 年采用了新的技术，通过斜向钻透墙身和基础，灌入水泥浆，方止住了水。1973 年，政府再度对这座建筑采取保全措施。

不久，决定将这座建筑改为餐馆，这就需要增建厨房、库房和厕所等设施，还装备了空调和其他现代服务设备。室内设计由 W. 马希尔承担，其中包括安装新的照明设备、一个舞台和固定的家具设备。餐馆给人以传统伊拉克咖啡馆的感觉。这座建筑归属于文化信息部。

↑ 3 街景
↓ 4 横剖面图

图和照片由阿卡汗文化基金会提供

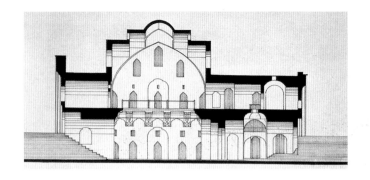

参考文献

"Project Record Form" (un-
published), the Aga Khan Trust
for Culture, 1978.

24. 哈达萨大学医学中心

地点: 耶路撒冷
建筑师: E. 门德尔松
设计 / 建造年代: 1936—1939

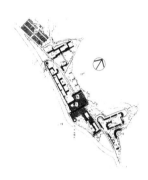

← 1 大学总平面图（医学中心在西北角）
↓ 2 护理学校

医学中心位于希伯来大学的西北部，可以说是门德尔松在耶路撒冷最为重要的作品。中心由在美国的犹太社团资助，包括三个部分：大学医院、护理学校和医学研究生院。门德尔松研究了大学校舍与用地的关系，做了几个方案（最后仅局部完成）。

医院规模为500个床位，由两个长条形建筑组成，位于前面的建筑是行政管理部分和妇产科，位于后面的是较高的病房

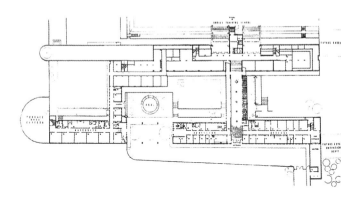

↑ 3 入口上部穹顶
← 4 医学中心底层平面图
↓ 5 轴测图

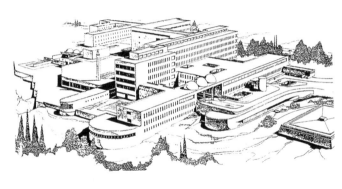

楼。医学中心为混凝土框架结构，进行了抗震设计。外墙饰以狭长的耶路撒冷石灰石。由于气候原因，医院的窗一般都设计成狭长竖条状，只有南向的门厅和两个长条形建筑之间的东南立面除外，因为到了下午这些面的大部分都在阴影之中。每一病房设五个床位，与当时的大病房大相径庭。建筑内部有供病人使用的庭园，在建筑周围有更宽广的公共花园。

护理学校与医院之间用一个花架廊相连。学校的底层有教室、讲堂、演示室和实验室，楼上两层则为学生宿舍和护士用房。医学研究生院为三层楼房，由于政局不稳定，隔了很久之后才落成。

医学中心在1967年的战争中被毁，20世纪80年代早期由Y.雷希特负责改

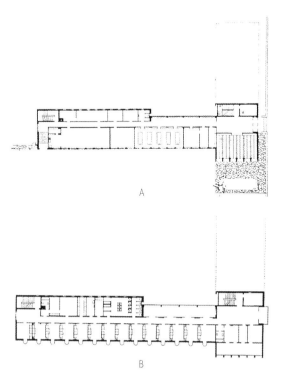

A

B

扩建。方案保持了门德尔松原来的品格，仅仅改动了园林环境，注入了新的生命。改扩建后的医学中心已恢复了其在以色列建筑传统中的重要地位。

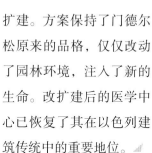

← 7 平台
↑ 8A 和 8B 护理学校底层和二层平面图
→ 9 从东北看主楼
→ 10 入口厅内景

图 3 由 D. 哈里斯提供，图 8A 和 8B 由耶路撒冷犹太民族文化中心档案馆提供，其余由柏林艺术图书馆门德尔松档案室提供

参考文献

"Current Architecture: Hospitalo Erich Mendelsohn", *Architectural Review*, Vol.85, Feb. 1939, pp. 83-86.
Whittick, Arnold, *Erich Mendelsohn*, London: Leonard Hill (2nd edition), 1956, pp. 116-126.

25. 水利局大厦

地点：大马士革，叙利亚
建筑师：M. A. A. 哈亚特
设计 / 建造年代：1937—1942

20世纪30年代中，水利局是叙利亚一个重要的政府机构，管理着一项庞大的运河系统，也正是此时建造了总局的大厦。虽然不能肯定谁是建筑师，但有记载表明是该时期一位名匠——哈亚特负责这座大厦内外的设计。

大厦用当地石料建造，平面、立面均呈对称。街道主立面由一个宏伟拱门、两个较小的拱券和两翼的光墙面构成。从石作和铭文到结实的木门道，工艺和细部都考虑细致、制作精良。室内的大理石和木装修更是精细绝伦，可惜已年久失修。此

大厦的建筑语言是属于
"阿拉伯－伊斯兰"——一
种集摩尔、叙利亚和其他
地区建筑的混合体。各种
语汇集合在一起组成了壮
丽构图并提高了机构的地
位。这一建筑表现出受欧
洲建筑的影响同时也吸收
了伊斯兰的语言，它一直

是叙利亚20世纪早期建筑
的范例。◢

参考文献

Qutaybai, Al Shihabi, *Damas-
cus: History and Photographs*
(in Arabic), 3rd edition, Damas-
cus: Al Nuri, 1990.

← 1 后面外观
↑ 2 入口外观

照片由 N. 拉巴特提供

26. 圣乔治旅馆

> 地点：贝鲁特，黎巴嫩
> 建筑师：J. 珀利尔，A. 洛特，G. 博德斯，A. 塔贝
> 设计/建造年代：1937—1944

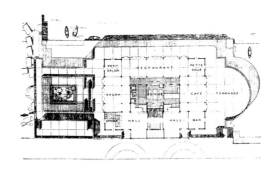

↑ 1 底层平面图
↑ 2 从海面看旅馆

圣乔治旅馆建于第二次世界大战期间，规模中等，四层楼共有100间客房，其规模多年来一直位居贝鲁特的旅馆之首。它是由法国和黎巴嫩建筑师共同设计的，建筑特征明显，尤注重于气候和选址。那时候在这一地区尚无空调设备，建筑专门考虑地中海边严峻气候条件，为旅客建造一个舒适的住处。立面上采用了本土形式的宽阳台，并将阳台延伸至整个立面，成

阳设施，遮蔽更直接的日光。建筑平面呈长方形，房屋围着一处抬高的庭院布置，通风良好，内部服务面积也能获得间接的采光。

当地水的供应不太正常，建筑师便在房顶上设置了一个硕大的水箱，在水箱上又设计了一个装饰艺术式的旅馆标记。水箱体量较薄，从侧面看去有似一个西方的假门面，然而正立面上它却与入口处的砖墙面齐平并与之平衡，与入口共同组成和谐、对称的整体，否则必单调枯燥。钢筋混凝土的承重结构外露，墙身有双倍厚度。

因地处沿海，设计中布置了海滨平台、咖啡座和接待空间，圣乔治旅馆是贝鲁特最为重要的公共场所之一。

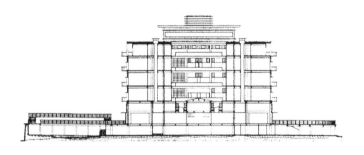

↑ 4 接待区
↑ 5 中庭剖面图

图和照片摘自 *Techniques et Architecture*（1944 年），摄影师不详

为中心表现的要素。这样的阳台能为房间遮挡眩光，同时为下一层阳台遮阳，更可从阳台眺望海景，此后这种设计在 20 世纪 50 年代亚洲的现代建筑上到处可见。此外，每扇窗的上方都设有小的遮

参考文献

Techniques et Architecture, No. 1-2, Paris, Jan. – Feb. 1944.

27. 土耳其大国民议会

地点：安卡拉，土耳其
建筑师：C. 霍尔兹迈斯特
设计/建造年代：1938—1960

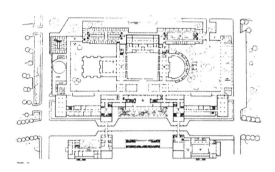

← 1 底层平面图

在土耳其开业多年的德国建筑师C. 霍尔兹迈斯特（1886—1983年）在1938年受委托为土耳其新首都安卡拉规划行政区，并设计了若干建筑。历史学家A. 巴图尔（Afife Batur）曾说过："这些任务的数量、规模与性质使霍尔兹迈斯特成为那时期最有实力的建筑师。"1937年，大国民议会设计竞赛最终产生了三个方案，由M. K. 阿塔图尔克亲自选定霍尔兹迈斯特的设计。

设计竞赛规定大国民议会建筑必须是共和国的标志。很有趣的是，所有的方案都属新古典风格，采用强调正门的对称手法。1938年破土动工，至1947年主体结构完成后一度用作军营。之后，造造停停，历经22年大国民议会于1960年方启用。

议会建筑群总面积达14700平方米，由几个"U"形平面背对背地组成，中间有庭院隔开。有两座亭阁形成整个建筑群

↑ 2 议会大厅入口
↑ 3 议会大厅

用地的入口。大厦的大门是庄严的柱廊式，两侧有长廊。亭阁和总统厅都作典礼之用。围绕庭院的建筑内有一个议员厅，可容纳328个席位。内部的空间布置显示出建筑师处理古典形式，同时又融合装饰艺术风格的才华和技巧。外墙覆以凝灰岩，简洁无华，与内部的豪华精细形成对比，内外呈现出不同的尺度感。

U. 考浦尔写道："霍尔兹迈斯特建筑中的空间布局，其力度象征着力图成为西方化国家的政治力量。这从过大的礼仪性空间、队列行进的通道、对称的聚合以及庄重的接待厅中均明显地表达出来。"大国民议会大厦成功地反映了政府的权威性，而其庄严性与该地其他政府大厦十分和谐，与安卡拉目前的城市景观有良好的配合。这是建筑师最大、最主要的作品，也是为安卡拉新古典主义定调的一座建筑。

← 4 主楼与入口
↑ 5 环形走道

照片由 U. 库珀提供

参考文献

Aslanoglu, Inci, *Erken Cumhuri-yet Dönemi Mimarligi*, Ankara: ODTÜ, pp. 74-75 and 253.

第 **5** 卷

中、近东

1940—1959

28. 伊斯坦布尔大学科学与文学系馆

地点: 伊斯坦布尔,土耳其
建筑师: S. H. 埃尔旦, E. 奥纳特
设计/建造年代: 1942—1948

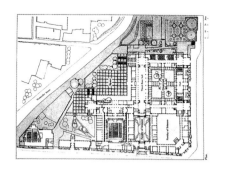

← 1 底层平面图
→ 2 沿街立面景观

S. H. 埃尔旦通过传统建筑和现代主义的综合来探求一种民族的建筑。他认为在新地域主义思想的发展中,国家起着很重要的作用。在这一观点下,他的作品有时呈现为庄重的石构建筑。他与 E. 奥纳特于1942年设计的伊斯坦布尔大学的科学与文学系馆即是一例。1944年开始施工,四年后落成。

该建筑群有着一系列庭院,各为狭长的建筑所围绕。建筑的交会点是垂直交通楼梯和门厅的所在,可通向各大厅。若干三层高的厅有高耸的石拱,而暗色大理石地面为其增添了不少严肃感。在厚重体形上点缀着传统的元素,如厚实的门道、庭院入口上方的亭阁、浅色石墙上镶嵌的深色砖带。建筑的上部用立柱支承,屋顶深远挑檐形成建筑的轮廓。上层外墙以粉刷饰面,有一条束带使上、下层泾渭分明。

这一系馆是土耳其第二民族建筑运动的缩影。正如埃尔旦在1940年所述:"建筑要具有民族性,那就必须符合民族的需要,依靠国内的劳动力、民众的价值观,要用民族的和当地的材料,建在自己的土地上。这些条件,有的是材料和技术的,有的是精神方面的,后者主要是政治政体的问题。"这座系馆在实用和美观方面是同样重要的,而且更重要的是它将传统主题——整体的空间

和谐、比例体系及设计要
素——与现代建筑的新空
间观和新技术综合起来，
并从时代和文脉精神上加
以演绎。◢

参考文献
⋮

Bozdogan, Sibel, with Suha
Özkan and Engin Yenal, *Sedad
Eldem*, Singapore: Concept
Media, 1987, pp. 60-67.
Sedad Hakki Eldem, Istanbul:
Mimar Sinan University, 1983,
pp. 98-105.

↑ 3 上部有亭子的入口
← 4 内景

图和照片由 METU 档案馆提供

29. 塔什勒克咖啡屋

地点：伊斯坦布尔，土耳其
建筑师：S. H. 埃尔旦
设计 / 建造年代：1947—1948（20 世纪 80 年代被拆除）

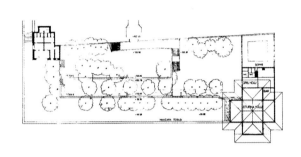

咖啡屋平面呈"T"字形，其窗户和宽广的挑檐等都受到传统土耳其住房的启发。建筑坐落在公园的一堵挡土墙边缘上，可纵观博斯普鲁斯海峡的胜景。门亭与花园园墙组合成通向咖啡屋的走道。该建筑前方的突出部分悬挑于挡土墙之外，用木牛腿支撑。入口与服务部分均设在后面。结构用钢筋混凝土框架，外部和室内均不进行装修。家具，包括固定的，都为木制；地面和室内喷泉是大理石的。

S. 博兹多安在一本关于埃尔旦的书中写道：此建筑"很明显地有从17世纪的 A. 柯普吕律将军别墅汲取的痕迹，并成为一个创新的作品，但有时也受到历史学家的指责和争议。但是对于埃尔旦来说，作为历史的当代潜力的一种演示，它却具有独特的、合理的地位"。

很可惜，这幢房屋在20世纪80年代中期被拆除。不久，又将它重建，

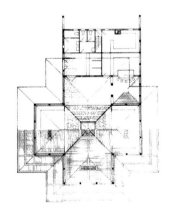

↑ 1 总平面图
↑ 2 楼层及屋顶平面图

↑ 3 全景
↓ 4 内景图（建筑师的构思方案）

图和照片取自埃尔旦档案馆

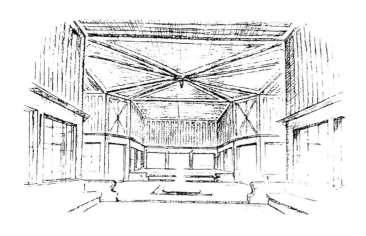

但不包括墙面，因此原有建筑的效果已荡然无存。尽管如此，它却已被载入当代土耳其建筑史册，在探索现代建筑的发展过程中占有重要的一页。◢

参考文献

"Taslik Kahvesi", *Arkitekt* (*Turkey*), 1950, pp. 207-210.
Bozdogan, Sibel with Suha Özkan and Engin Yenal, *Sedad Eldem*, Singapore: Concept Media, 1987, pp. 50-54.
Eldem, Sedad Hakki, 50 Yillik Medek Jübilesi, Istanbul, 1983, pp. 81-83.

30. 火车站

地点：巴格达，伊拉克
建筑师：威尔逊与梅森事务所
设计/建造年代：1947—1951

巴格达火车站也许是 J. M. 威尔逊最优秀、最出色的作品，在当时也是他最大的一项设计任务。这个国际火车站也是伊拉克铁路系统发展的管理总部，处在巴格达重新规划的重要位置。

平面对称，两旁翼楼呈"U"字形，背对背相靠于中央大厅。从道路望去，两翼各有32米高的地标塔楼和三层楼屋，拱卫着中央部分。圆形售票大厅的上方覆有一个21米直径的砖砌穹隆，这是伊拉克最大的同类传统结构。从大厅可通到八个站台，设施齐全。贵宾候车室布

↑ 1 中央大厅草图

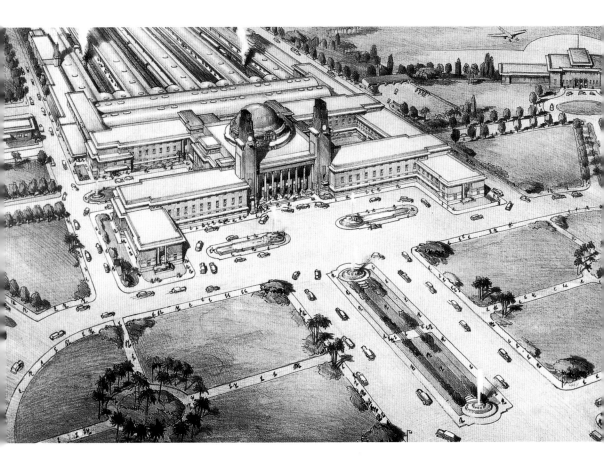

↑ 2 鸟瞰图（建筑师画）
↓ 3 通过中央大厅和庭院的剖面图

MINISTRY OF TRANSPO

↑ 4 完工时的景观

← 5 正面外观

图和照片由建筑师提供

置于绿化庭院旁。建筑总面积超过23000平方米，施工质量很高，精美的浮雕装饰对外貌和主要的室内空间起了画龙点睛作用。

虽然宏伟庄严，但巴格达车站的建筑要素的布置和精致的细部赋予了人情尺度和场所感。这一设计将现代建筑类型引入伊拉克，因此一直是伊拉克20世纪建筑中具有开创性的作品之一。

参考文献

Lindsey Smith, C. H., *JM: The Story of an Architect*, London: Wilson & Mason, 1976, pp. 32-33.
Sultani, Khalid, "Architecture in Iraq between the Two World Wars, 1920-1940", *UR: The International Magazine of Arab Culture*, No. 2-3, 1982, pp. 93-105.

31. 阿纳多卢俱乐部

地点：伊斯坦布尔，土耳其
建筑师：T. 坎塞浮，A. 汉西
设计/建造年代：1951—1957

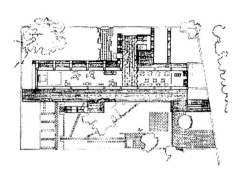

← 1 底层平面图
↓ 2 从海面看外观

为国会议员所用的俱乐部是根据1951年的竞赛获胜方案建造的。1953年动工，四年后落成。设计人坎塞浮（1922年生）与汉西（1923年生）于第二次世界大战后曾在法国工作，俱受现代主义的影响，尤其是汉西，他曾随 A. 贝瑞工作过一段时间。

该建筑简洁地呈长条形，北立面容纳了57间客房，可俯瞰马尔马拉海；南面为一条走廊，有花格栅为之遮阴。花格栅为木

↑ 3 从南面看雕塑式的屋顶轮廓

制，可以开启，使人联想
起土耳其乡土建筑。平屋
顶上建有抽象立方体的遮
阳设施，使屋面成为一活
动空间。屋顶上设有吧
座，面向大海和邻近的壮
丽景色。结构为钢筋混凝
土和填充砖墙。

　　该建筑运用了现代建
筑形态，并有意识地引入
当地传统，反映了土耳其
第二民族运动的倾向。

参考文献

"Anadolu Kulubu Binasi",
Arkitekt, Vol. 27 No. 295, Nov.
1959, pp. 45-52.
"Profil: Abdurrahman Hanci",
Arredamento-Dekorasyon,
No.84, Sept. 1996, pp. 77-83.

↑ 4 沿海滨立面景观

图 1、图 2、图 4 由 Y. 科斯贝
和 METU 档案馆提供；图 3 摘自
Arkitekt，1959 年

32. 希尔顿酒店

地点：伊斯坦布尔，土耳其
建筑师：SOM 事务所 G. 邦沙夫特，S. H. 埃尔旦
设计/建造年代：1952—1955；1975—1984

← 1 入口层平面图
↓ 2 庭院

希尔顿酒店国际公司，在扩展业务时期，选择伊斯坦布尔作为其第一个涉足的亚洲城市。SOM 事务所的建筑师与企业家们一同访问了土耳其，受到土耳其政府热诚的协作和资助，还给予该城最好的一块土地来建设旅馆。主要设计人 G. 邦沙夫特早先就在土耳其工作过，为公共工程部设计过若干建筑，因此他很熟悉土耳其人的情感。他与埃尔旦在纽约一起提交了最终方案，并在伊斯坦布尔完成了施工图。

设计充分利用海岬地势高的优点，以俯瞰博斯普鲁斯海峡的壮丽景色。建筑的形象，按设计要求所强调的，是属于现代主义的，内外完全统一。一边的客房面海，另一边对着城市。入口层有一个中心庭院，四周是大堂和商店。面对着花园有一条鸡尾酒廊。该建筑为旅游旅馆，布置在宽广的用地上，有着景观较好的花园

和小径。顺坡而下可到达一巨大的自由形状的游泳池，旁边设有帐篷小屋和网球场，更远处有一露天剧场。

建筑采用钢筋混凝土结构，因用钢量很少，基础和梁的尺寸因而较大，同时也能符合抗震要求。

这一建筑是土耳其国内国际式建筑最优秀的实例之一。评论家S. 奥兹康曾经写道："这一'极端现代的'希尔顿酒店比起任何其他建筑物，都具影响力。埃尔旦的地域性手法仅仅限于入口雨篷、舞厅和其他一些装饰物上。这一建筑已成为土耳其国内其他大小不一的建筑所模仿的一个典范。"这一建筑深受欢迎，经久不衰。

← 3 从博斯普鲁斯海峡看全景
↑ 4 入口外观（飞毯形雨篷）
↓ 5 剖面图

图 2 由 H. U. 汗提供，图 4 由 Y. 科斯贝提供，其余由 METU 档案馆提供

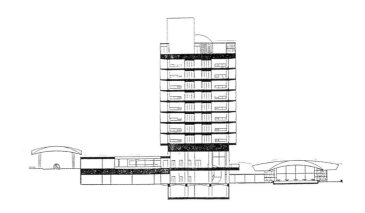

参考文献

"Tourist Hotel for Istanbul, Turkey", *Architectural Record*, Jan. 1953, pp. 103-116.

"Istanbul Hilton", *l'Architecture d'aujourd'hui*, Sep. 1955, pp. 103-115.

33. 基督新教学院

地点：贝鲁特，黎巴嫩
建筑师：M.埃考夏德，C.勒瑟
设计 / 建造年代：1953—1957

← 1 总平面图
↓ 2 学院及其周围环境的鸟瞰

埃考夏德在中东各国设计了不少教育建筑，最为优秀的或许就是与C.勒瑟合作设计的基督新教学院。学院在布局上将教室和相关建筑设在用地的北端，文体活动区域设在南端，留出中间作为校园。教室全部南向，立面设计得可以调节日光。例如，在科学中心阳光透过条形高窗从顶棚反射开去，而下部的窗则深深退后设置。天然光线的运用经过精心设计、处理，从

↑ 3 科学中心

而成为空间的一个组成部分。儿童乐园是埃考夏德独立设计的，园中的光线经过彩色玻璃的过滤和折光反射使园中空间显得欢乐活泼。

建筑师在设计过程中仔细地思考了若干准则。例如，让每一间教室都有可能延伸至室外，每一间教室都有不同的平面、不同的配色。其他准则还有如气候条件以及对体育、文娱活动等要求的满足。最后要考虑的是美学，采

用黄金分割的比例；在装饰上，广泛地运用色彩。

设计准则的内容和这座建筑本身都明显地表现出受到勒·柯布西耶的影响。用独立柱将科学中心的底层架空，给底层的庭院遮阴；采用原色；立面用模数制来设计等都是传播现代建筑经典的明证。在这一建筑中，通过熟练地对适应气候方面的处理，使现代主义得到新的表现，成为建筑的杰作。◢

↑ 4 从有盖庭院通向科学中心的楼梯
→ 5 建筑群的立面因设置遮阳和凹空间而富有活跃感

参考文献

"Beyrouth Collège Protestant", *Architecture d'aujourd'hui*, No. 71, June 1957, pp. 22-23.

"Collège Protestant des Jeunes Filles, Beyrouth", *Techniques & Architecture*, Vol. 18 No. 4, Sept. 1958, pp. 116-119.

← 6 儿童乐园正面外观
↓ 7 儿童乐园内的坡道
↓ 8 科学中心主空间内景

图1、图2由黎巴嫩国家档案馆、法兰西建筑学院20世纪档案馆提供，其余由G.阿利德提供

34. 泛美大厦

地点: 贝鲁特, 黎巴嫩
建筑师: G. 赖斯, T. 坎南, A. 萨拉姆
设计 / 建造年代: 1954—1955

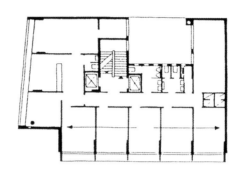

◁ 1 标准层平面图
↓ 2 底层平面图

G. 赖斯（1915年生）是黎巴嫩最卓越的现代建筑师之一，他与坎南、萨拉姆合作设计的泛美大厦在选材用料和细部上明显地说明了这一点。

大厦位于城市中央商务区内的一块绝大部分未被1974年战火波及的用地上，就在通向重建的利雅得·索尔赫广场的街道顶端。大厦高六层，与邻近建筑的尺度相适应。设计不仅合理地符合功能要求，而且与相邻的文脉和

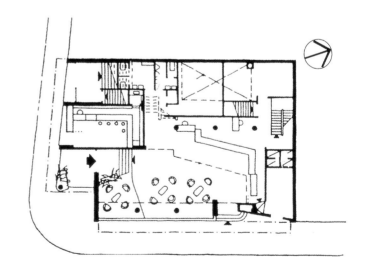

↑ 3 西南侧外观 (1998 年)

气候十分相宜。建筑历史学家G.阿比德曾说："由于处理阳光问题,南、东两个立面设计有所不同,然而整体上都十分统一。"在20世纪90年代中,大厦重经装修,以有色玻璃替代原来的玻璃,改变了大厦的透明性。尽管有所改动,泛美大厦仍然是20世纪中叶这一地区内现代办公楼建筑中的佼佼者。◢

参考文献

"Architecture in Lebanon", *Architectural Design*, London, March 1957, p. 105.

↑ 4 客厅(20世纪50年代)

图 1、图 2 摘 自 *Architectural Design*,1957 年;图 3 由 G. 阿利德提供;图 4 摄影师不详

35. 圣心医院

地点: 贝鲁特，黎巴嫩
建筑师: M. 埃考夏德，H. 埃台，德·维莱达利，P. 萨迪; L'ATBAT 事务所
设计/建造年代: 1954—1961

← 1 总平面图
↓ 2 礼拜堂内景

医院原名"慈善嬷嬷"，1954年设计，五年后落成。用地是一片坡地，使建筑师在运用地形优势时能有所发挥。医院的建筑包含两大部分：医院本身以及包括一座修道院、嬷嬷住房和礼拜堂在内的宗教设施。医院是一个建筑群体，房屋之间有庭院、敞地。大门设在坡地的下方。主要的医疗设施——诊室、手术单元、病房以及服务部分，都设在用地北部的三幢建筑

↑ 3 病房与服务用房（左侧）的北
侧外观

↑ 3 病房与服务用房（左侧）的北

内。病房部设计成一东西向的长翼，向北由呈"U"字形的服务部分与其他部分联系。每一病房都朝南，有充足阳光和景致，还有遮阳装置以防眩光。

用地东部较高处是礼拜堂、修道院和嬷嬷住房的所在。在这里，建筑整体的尺度变得亲切，比例更为优雅，显示出建筑师的感悟性。礼拜堂内部简洁、宁静、动人，有限的天然光线起着点睛作用。礼拜堂嵌在修道院和住房之间，是这一组中最为显著的建筑。一个狭长走廊将修道院与医院相连。起伏的地形经巧妙的园林设计得以优化，高差既把两个部分有所分隔，又能保持总体上的统一性。

↑ 4 北向全景
↑ 5 礼拜堂、修女住房、连接走道

图 4 由黎巴嫩国家档案馆、法兰西建筑学院 20 世纪档案馆提供，其余由 G. 阿利德提供

参考文献

"Hospital in Baabda bei Beirut", *Baumeister*, Vol. 63, Nov. 1966, pp. 1319-1321.

36. 腓尼基旅馆

地点：贝鲁特，黎巴嫩
建筑师：E. D. 斯东，R. 埃里阿斯，F. 达格
设计 / 建造年代：1954—1962

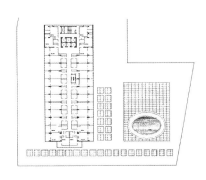

豪华的腓尼基旅馆共有300间客房，面向地中海，客房塔楼呈矩形，坐落在占地较大的二层裙楼之上。每一间客房均有阳台，可饱览海景。阳台呈条状布置，起遮阳作用，整楼立面有似蜂窝。屋顶如飘浮状，外伸的屋檐为顶层遮蔽日光。顶层为公共部分，三面设有眺望台。这种屋顶的式样在斯东随后的设计中频频出现，包括新德里的美国大使馆。旅馆在底层和二层

↑ 1 标准客房层平面图
→ 2 从游泳池看旅馆

↑ 3 从主街道上看外观
↓ 4 从水面看外观

图 4 由麻省理工学院罗彻视觉艺术馆提供，其余由阿肯色大学图书馆提供

的裙楼内还设有游泳池和商店。

斯东（1902—1978年）在他的自传性著作中对这幢建筑仅简单地一笔带过。这项设计颇费周折，施工时几遭延迟，历经八年方竣工。斯东本人并没有监理施工，也没有设计内部，那是由当地建筑师负责设计的。这一经典的现代旅馆已是贝鲁特的标志，也已成为中东商业和休闲的中心。◢

参考文献
⋮
Stone, Edward Durell, *The Evolution of an Architect*, New York: Horizon Press, 1962, pp.166-167.

37. 希伯来大学犹太教堂

地点：耶路撒冷
建筑师：H. 劳，D. 雷兹尼克
设计/建造年代：1955—1957

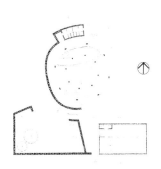

← 1 底层平面图
↓ 2 入口处的楼梯
↓ 3 剖面图

教堂建造在希伯来大学校园内。历史学家A. 哈拉普曾写道："虽然这一不大的教堂可以不遵照当地政府制定的关于耶路撒冷所有建筑必须以当地石料为面材的规定，然而感觉上却与周围景观融为了一体。它以简捷的观念、与毗邻房屋互补的对比，以及穹隆圆顶而显示出其卓越非凡的个性。"

访客可通过敞庭和宗教图书馆进入这一混凝土建筑。敞庭也用于犹太

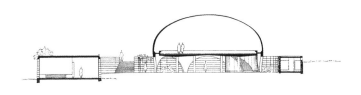

婚礼和其他聚会等室外礼
仪。从开敞的空间可以升
入沉思、默祷的个人精神
世界。上层祈祷厅，覆盖
以穹隆，光线是由下部周
边的反射光带获得，创造
出了一种简朴、宁静的空
间效果。

参考文献

"Architecture in Israel", *L'Ar-
chitecture d'aujourd'hui*,
No.77, May 1958, p.77.
Best, David, "Architecture
in Israel", *RIBA Journal*, Nov.
1972, pp. 463-468.
Perry, Ellen, "The architecture
of Israel", *Progressive Architec-
ture*, March 1965.

◁ 4 从图书馆进入教堂的走道
↑ 5 1957 年竣工时的景观
↳ 6 外部细部

图 5 由 A. 贝海姆提供，其余由 D. 雷
兹尼克提供

38. 美国大使馆

地点: 巴格达，伊拉克
建筑师: 舍特、贾克森与古尔利事务所; J. L. 舍特
设计 / 建造年代: 1955—1960

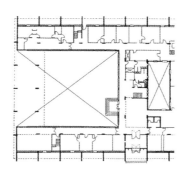

← 1 办公楼平面图
↓ 2 办公楼主入口
↓ 3 公寓标准层平面图

大使馆位于巴格达旧城底格里斯河对岸的较新的居住区内，该区地形平坦，被一条1.8米高的防洪河堤分隔为二。大使馆的办公楼设在用地的西端，有一个明鉴照人的水池，与进入的大路相隔。办公楼高三层，围绕一个庭园布置。楼板悬挑出墙面，薄型混凝土墩起着遮阴作用。有两种幕帘，一种是白色釉面砖，另一种是金属百叶，以保护室内不为眩光所扰，同时保证其私

↑ 4 职工公寓

密性。混凝土折板双层屋顶能防止酷日直射,利于屋面通风。墙壁采用白色预制混凝土板。办公楼前有一个狭长庭院和一幢四层无电梯的工作人员公寓及游泳池。公寓的地面层除了进厅之外其余部分都被架空,二、三层楼的房间为二室户和三室户,顶层的都是一室户,有走廊相连,屋顶为平顶。

居住区一面是河堤,三面围墙。大使寓所位于河堤与底格里斯河之间,有居住部分和对外接待部分,室外有平台和院子。屋顶平台有主楼梯可上,能俯瞰河景和老城区,上方覆盖有一混凝土双曲面的伞形顶。

舍特运用各种设计要素进行设计时,十分认真地考虑了气候。伞形屋顶、屏幕与拱门、拱窗处处显示出一种地方氛围。佐佐木和诺瓦克对景观的

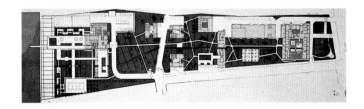

↑ 5 大使府邸
↑ 6 总平面图

图和照片由哈佛大学研究生院提供

设计使这座建筑成为沙漠绿洲花园。这一建筑对此地区颇有影响，历经40年，依然优美和富有活力。◢

参考文献
⋮
J. L. Sert, *Architecture, City Planning, Urban design*, Barcelona: Gustavo Gili, 1968, pp. 98-109.

"New Work of Sert, Jackson and Gourley", *Architectural Record*, May 1962, pp. 140-146.

39. 萨达姆·侯赛因体育馆

> 地点：巴格达，伊拉克
> 建筑师：勒·柯布西耶，G. 普利桑特，A. 曼斯尼
> 设计／建造年代：1956—1980

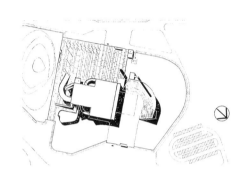

← 1 总平面／屋顶平面图
↓ 2 坡道起点桥墩上的浮雕

20世纪50年代中叶，伊拉克政府委托勒·柯布西耶（1887—1965年）及其事务所为巴格达市设计一座庞大的体育建筑群。设计工作到勒·柯布西耶故世之后仍在继续，直至1968年伊拉克政治动荡为止。到1973年，勒·柯布西耶的同伴乔治受邀完成原来考虑的四座建筑之一的萨达姆·侯赛因体育馆，当时勒·柯布西耶就整体完成了该馆的设计和细部处理。后来，该馆用

↑ 3 东南面外观

地两度更易，最终定在底格里斯河的东岸，面对另一处体育场。

这一建筑表现出勒·柯布西耶的一些见解：用地上集文化、体育、艺术等多种用途于一体，一片弯曲的屋面，一个既作为入口道路又烘托建筑的坡道，还有一"魔盒"——推开一扇巨型推拉门就显现出一个新的境界、新的活动。体育馆以勒·柯布西耶的模数制为尺寸依据（在一面墙上还以阿拉伯文镌刻着他的名句：秩序是生命之钥）。平面由三个正方形组成，每边长32.81米，这也是主厅最高处。正方块中设有比赛场和观众席，邻旁还有一露天赛场，三边围有看台。结构主要是钢筋混凝土。施工人员努力追求不加修饰的混凝土粗面效果，由于采用了过分光滑的胶合板做模板，所以效果并不完全成功。

建筑的下部是一扇装在导轨上的钢门（32米×12米）。它在混凝土框内平移到馆屋外侧后，馆的一面外墙可完全打开，与露天赛场连通，形成一个更大的赛场。室内外均有看台座席，建筑师在这里表现出空间的潜力和现代技术的力量。勒·柯布西耶偏爱坡道：从地面到二层看台有曲线缓和的"公共大坡道"，然后向两旁分岔；另有一个较小的盘旋坡道绕着一根独立墩柱上至第三层。贵宾、新闻记者和运动员分别另有坡道或通道供使用。这面可移动的墙所代表的室内外交融的构思在坡道上也有所表现：大坡道是在室外，而通向第三层的盘旋坡道，由于自身有屋顶，似乎已经将观众引入室内。

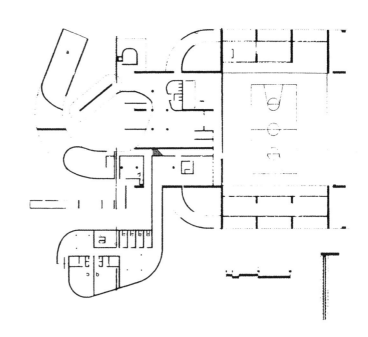

↑ 4 赛场内景
↑ 5 底层平面图

图 4 由阿卡汗文化基金会提供，其余摘自 *Architecture d'aujourd'hui*

40. 巴格达大学

地点：巴格达，伊拉克
建筑师：协和事务所（TAC）；W.格罗皮乌斯
设计/建造年代：1958—1970

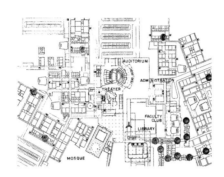

← 1 中心区平面图
↓ 2 科学和工程图书馆透视图（背景是清真寺）

巴格达大学校址位于一片空旷地上，1958年开始设计，当时的要求十分简短，只有两张打字纸的篇幅。建筑师提出了一项组织计划，对这所可容纳12000名学生的大学的每一设计细节都有所规定，1960年政府接受了这一项设计，1962年签订合同后即开始施工。由于政治上不安定，整个工程时而延误，时而复工，终于在1970年得以完成。

总平面由一系列互连

↑ 3 中心区方案模型之一（20 世
纪 60 年代中期）

↑ 4 南向鸟瞰
← 5 宿舍平面图

的大小不等的庭院组成，建筑都围绕庭院建造。各楼相距较近，既可节省交通时间，又能遮阴。广泛运用水渠和喷泉，用泵将底格里斯河河水送入环绕校舍的主渠，然后再加分流。

整个项目共有273幢建筑，大到5000座的会堂，小至教职员的独立住宅。大学分三大系科：工程、科学与文科。教学设施不分系设馆，而是集中安排，其目的是为了减少重复设施，使各种设施得以灵活使用，也有利于系科之间的交流。然而各系科最后还是分开了，成为独立的学院。

设计主要由气候条件决定，例如，设计了一系列水平和垂直的遮阳板用以削弱太阳的热量和强光。结构采用钢筋混凝土。表面处理有多种方式，有的明露模板纹路，有的经过斩凿。在总的布局归类安排上，墙面处理

↑ 6入口拱门: "开放思想"（背
景为门房）

↑ 7 教职员办公楼
↓ 8 从入口处看清真寺（透视图）

图和照片由哈佛大学图书馆和建筑师提供

不仅生动，而且在校园中还起着方向定位的作用。

　　虽然学校并没有完全按设计建造，但大部分都付诸实施了。最显著的是教员塔楼。这一最高、位于中心位置的建筑设有办公室和会议室。另一幢具有象征意义的建筑是与门房相邻的题为"开放思想"的大门门道。学生宿舍区呈组群布置。没有实施的设计中有一座雕塑味特重的清真寺、几幢图书馆和其他一些建筑。后来又增添了几幢别的建筑师设计的建筑，一些原有的建筑均是中东地区现代建筑的范例。◢

参考文献

The Architects Collaborative, Barcelona: Editorial Gustavo Gili, 1972, pp. 119-137.

41. 市政厅

地点: 巴特亚姆，以色列
建筑师: A.诺伊曼，Z.黑克尔，E.夏隆
设计/建造年代: 1959—1963

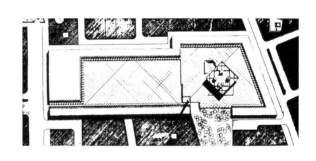

巴特亚姆位于地中海边，特拉维夫之南。20世纪50年代后期，城市规模急速增大，亟须建一新市政厅。设计者提出一个倒立的亚述古庙塔的方案，外表饰以鲜艳夺目的彩色面砖，创作出以色列最富创造性的建筑。用地近海，原是一片空地。规划中有一个广场，四周是廊道相连的咖啡馆、餐厅、行政办公用房和一些住宅，整个建筑全都坐落在一个稍高的宽广矩形平台上。作为城市的市民广场和文化中心，甚为壮观。

市政厅平面呈正方形，共三层；每层四周出挑，为下一层遮阳避雨。建筑与广场轴线成45度角。采用262厘米的对角线模数单位作为结构水平、垂直网格的基础，也是空间组织的元素（262是诺伊曼体系的主要数字）。斜方的分隔空间效果可以联想起20世纪20年代T.范杜斯堡和风格派的作品。模数制结构体系

↑ 1 总平面图
↓ 2 底层平面图
↓ 3 剖面图

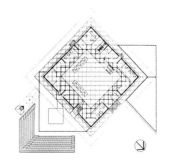

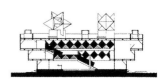

则处理得颇具想象力，毫
不呆板。

　　建筑设在一座低矮台
座上，台座下只用12根
柱支承，内部空间不受阻
隔。三层高的内庭，既是
往来办公交通所需，又是
聚会场所。结构用钢筋混
凝土梁板，外墙和内廊都
用灰色混凝土块做面材。
混凝土构架外露，与梁的
浓艳的蓝、红和金在色彩
上形成对照。从楼旁的露
天会场有一段室外楼梯通

往用作公共集会的屋顶平
台。在这座已经相当铺张
的建筑上，最令人注目的
是屋顶上作通风和采光用
的庞大的多面雕塑。◢

← 4 北面外观
↑ 5 南面外观局部

图和照片由建筑师和 U. 库特曼提供

参考文献

Harlap, Amiram, *New Israeli Architecture*, Rutherford, NJ: Fairleigh Dickinson University Press, 1982, pp. 296-297.
　"Hôtel de Ville de Bat-Yam", *L'Architecture d'aujourd'hui*, Vol. 34 No. 106, Feb.-Mar. 1963, pp. 66-69.

42. 土耳其历史学会大楼

地点: 安卡拉, 土耳其
建筑师: T. 坎塞浮, E. 叶纳
设计/建造年代: 1959—1966

← 1 底层平面图
↓ 2 中庭
↗ 3 全景, 右侧为主入口

土耳其历史学会大楼位于安卡拉中心地区的文化区内, 区内有大学和博物馆等。学会在1957年遴选坎塞浮研究这一用地并加以策划。根据1959年建筑师做的研究和草图, 学会于1960年正式委托设计。1962年动工, 四年后落成。

坎塞浮设计这座建筑的目的是使其与这一地区的文化和技术相匹配, 同时与当时盛行的国际式建筑倾向相抗衡。这一成果就是要实现用当代的建筑语言来表现伊斯兰的内向性和统一性的理想, 如传统土耳其法律和宗教学院采用的庭院式。

学会大楼的内部空间, 如会议室、图书室、行政管理办公室等, 也能从外部的组合中表达出来。从大门进入突出于中庭的门厅, 中庭有三层高, 上面覆有天窗。房间环绕中庭布置, 交通也就在中庭四周。中庭有天然光线照入, 再有橡木屏帘

↑ 4 外部混凝土和石工细部
↓ 5 可俯视中庭的阳台和屏帘

图和照片由阿卡汗文化基金会提供

将光线过滤后射入办公室和其他房间。结构采用钢筋混凝土框架，双向小梁楼板。填充砖墙外用安卡拉红石贴面，窗用铝框，在框架上显得更突出。

此建筑深受业主和其他建筑师的赞扬，被认为是土耳其当代建筑中的创新之作。◢

参考文献

Holod, Renata and Darl Rastorfer (eds.), *Architecture and Community Building in the Islamic World Today*, New York: Aperture, 1983, pp.139-150.

43. 以色列博物馆

地点：耶路撒冷
建筑师：A. 曼斯菲尔德，D. 迦德，等等（原方案，1975 年后扩建）
设计 / 建造年代：1959—1992

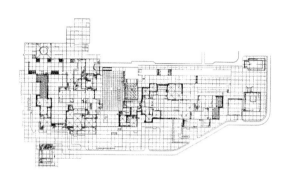

原来的设计小组在1959年的竞赛中获胜。此设计建立在6米×6米的模数上，有利于分阶段扩建，被称为"可生长的博物馆"。1965年开馆，设计者 I. 加翁馆长曾称它是"自1948年以来耶路撒冷所建的最激动人心的建筑"。

博物馆位于一座小丘上，河谷对岸可望见一座十字军古堡。1962年仅有4500平方米，至1998年增至10倍，达45000平方米。

↑ 1 展览层平面图
→ 2 20 世纪馆内景

全馆分四个部分：入口与临时展区部分；少年活动部分；考古部分；最后是美术馆部分，包括印刷装帧、书法和平面美术。上两层为公众所用（入口与展示区），底层则设置办公室、储藏室、工作室、画室和观众厅。

　　除曼斯菲尔德和迦德之外，还有好多位建筑师先后参与此事，如基斯勒与巴顿设计了收藏《死海古卷》的书籍之坛，由野口创设在一个土园中的B.洛克现代雕塑藏品馆。最后建造的是1992年竣工的"20世纪馆"。曼斯菲尔德和迦德规划的总平面图指导着博物馆的成长，颇为成功。W.桑德伯格在一篇文章中说这座博物馆"不需凭借任何形式上的或华丽的东西，却透着一种真正的壮观"。

　　这座博物馆是以色列同类建筑中最主要的一座，而且还不断地开拓业务，在周围社区中起着重

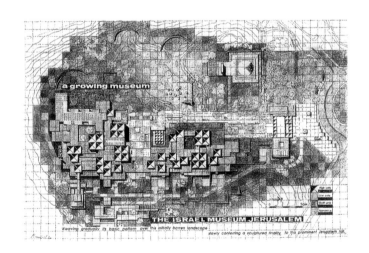

← 3 与20世纪馆相邻的庭院
↑ 4 东平台
↑ 5 "一个可生长的博物馆"的体
　　系设计图

1960   1962   1977   1990

要作用。博物馆建筑群由一系列展馆陆续组成，每一阶段都能成为一个完整的整体。设计的思路和方法一贯如初，因而能取得统一的格调，这一点是值得赞扬的。 ◢

参考文献

"Israel Museum", *Architettura*, Vol. 38 No.3 (437), March 1992, pp.190-200.

Tount, Anna (eds.), *Al Mansfeld*, Berlin: Ernst & Sohn, 1998.

Sandberg, William, "Israel Museum in Jerusalem", *Architecture*, Dec.-Jan. 1966-1967, pp. 2-7.

"The Israel Museum in Jerusalem", *Domus*, No.451, June 1967, pp. 12-17.

← 6 从西面看 20 世纪馆
↑ 7 从东面看全貌
↑ 8 几十年来的博物馆生长阶段图解

图 2 由 K. 奥尔提供，图 3 由 E. 基纳德提供，其余由 A. 曼斯菲尔德提供

第 **5** 卷

中、近东

1960—1979

44. 胡拉法清真寺

地点：巴格达，伊拉克
建筑师：M. 马基亚
设计 / 建造年代：1961—1963

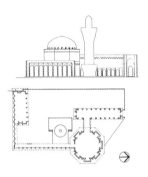

↑ 1 平面与东立面图
↑ 2 砖工与题铭组织及细部

　　1961年伊拉克建筑师马基亚受委托在9世纪哈里发的阿巴斯清真寺的原址上设计一座清真寺。用地上唯一遗留的是复原的13世纪苏格盖泽邦克楼，这栋邦克楼决定了新建筑整体布局和材料的选择，使历史文脉得以协调。

　　新建的清真寺建筑面积共1800平方米。中间是一座有穹隆顶的八角形祈祷殿，由两个门廊和尖拱柱廊从用地的两侧和南侧引入。八角殿有八根柱支承圆顶。柱与柱之间有独立的"U"字形砖龛，其中之一用作米哈拉布（向着麦加方向）。黄砖砌成繁复的几何图案，与邦克楼相配；其他材料还有当地的石料和木材，顶棚用钢框龙骨。沿胡拉法路筑了一堵墙作为界屏，墙用钢制，以文字为图案，别有情趣。该寺采用了悬吊的混凝土拱券，成为20世纪70年代阿拉伯世界"现代伊斯兰"建筑的一种创新式样。

↑ 3 从西面看清真寺全貌
→ 4 拱廊及对拱的现代阐释

图和照片由建筑师提供

参考文献
⋮

Makiya, Kanan, *Post-Islamic Classicism*, London: Saqi Books, 1990, pp. 44-58.
Holod, Renata and Hasan-Uddin Khan, *The Mosque and the Modern World*, London: Thames and Hudson, 1997, pp. 142-144.

45. 中东理工大学

地点：安卡拉，土耳其
建筑师：B. 西尼契，A. 西尼契
设计/建造年代：1961—1970

← 1 大学总平面图（1971年）

↑ 2 从建筑系馆看博物馆
↑ 3 礼堂

第二次世界大战之后，土耳其的工业迅猛发展，大量人口涌入城市。1954年，政府邀请一批联合国专家帮助在安卡拉建立一所建筑规划学院，后来扩展为中东理工大学，在若干技术、科学和专业领域提供现代高等教育。

通过1961年一次全国性设计竞赛，评委会选中了B. 西尼契（1932年生）和A. 西尼契（1935年生）的方案。他俩是一对夫妇。方案在整个施工过程

中还经过了不断修改。

校园位于安卡拉以西约10公里的埃斯基谢尔公路旁，占地约4200公顷，地形有起伏，土地荒瘠。若干年来，经植树造林，已取得较舒适的小气候条件。校园分为三大区：一是教学区，中央有一条步行带；二是学术区，包含有行政办公楼、中央图书馆和大会堂等；三是生活区，设有体育设施。区与区之间有一条斜贯的绿化带分隔，带内有

↑ 4 餐厅鸟瞰

体育和休闲设施。在教学区内，教室楼建在通道的一侧，在另一侧则是公共部分，如图书馆、会堂、健康中心和学生设施。

结构采用钢筋混凝土，墙面也为混凝土饰面。由于规模大，建设量多，造价也高，因而必须分期建设，这也有利于各期建造时可利用当时最新的技术，如轻质预制混凝土板、有机玻璃等以及有所改进的施工工艺。建筑师在后期施工中不断地设计新的校园建筑，与前期建造的有着很大的不同，整个工程直到20世纪70年代后期完全竣工。

中东理工大学的专业有建筑、工程、商业管理，文科、理科和语言。

学校的诸多建筑中，最佳的建筑可算是建筑系馆（1963年）；其他值得关注的建筑有食堂、餐厅、博物馆（1965年），还有管理科学系馆、中央图书馆以及文理学院的会堂（1967年）。20世纪90年代中期，大学中有学生12000名，教师1200人，职工约有2000人，并有可供3700

← 5 图书馆（前为大教室）

↑ 6 建筑系馆的内部公共区（周围
　　是设计室）

⇥ 7 中央图书馆底层平面图

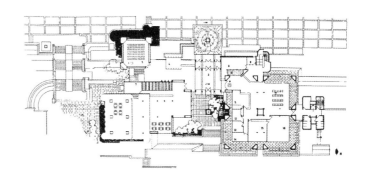

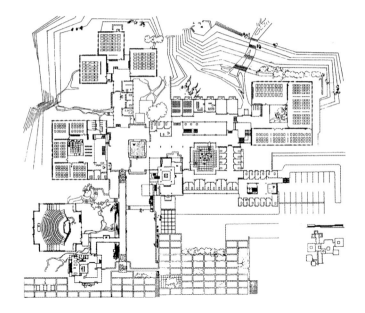

↑ 8 建筑系馆入口
↑ 9 建筑系馆底层平面图

图2、图3、图4、图6、图8由S.博兹多安提供，图5、图7由U.库特曼提供，其余由建筑师提供

名学生居住的宿舍和教职工住宅。

B. 西尼契在1975年曾写道："在一个力图工业化而缺少建筑工业的国家，建设事业充满着困难。……我们尽力将我们所有的力量灌注于与我们的文化、遗产相一致，为的是我们社会有更美好的未来。"校舍的建筑形式完美地反映了国家和建筑师对现代主义的关注。中东理工大学成为土耳其新兴教育的象征和进步的旗帜。它影响和启迪着许多后继的土耳其建筑。

参考文献

Altug-Behruz Çinici, *Architectural Works*, *1961–1970* (2nd edition), Ankara: privately published, 1975.
Joedicke, Jürgen, "Middle East Technical University, Ankara", *Bauen & Wohnen*, Vol. 19, July 1965, pp. 275–280.
Piccinato, Luigi, "L'università del Medio Oriente presso Ankara", *L'Architettura*, Vol.10 No.114, April 1965, pp.804–814.

46. 国防部综合楼

地点：贝鲁特，黎巴嫩
建筑师：A. 沃琴斯基，M. 安迪
设计／建造年代：1962—1968

20世纪60年代早期，黎巴嫩政府组织了一次设计国防部综合楼的竞赛。获胜者是沃琴斯基，任务要求必须是建造"黎巴嫩式"的建筑。他意识到有两种做法会导致失败：抄袭伊斯兰建筑，或者相反地用一种不论在任何地方都可以建造的式样。沃琴斯基（1916年生）跟随勒·柯布西耶多年，他在设计中研究当地的条件和社会结构，探求一个现代主义的解释和表述。这是他第一次在中东的设计，其他作品亦多与安迪合作。仅在黎巴嫩至少有20件有影响的作品，有未建的，也有建成的。

这座建筑总建筑面积40000平方米，容纳各项用途，包括部长办公室、会议厅、陆军将领的办公室，三个服务部分以及一处阅兵操练场。设计思想受主体派和强烈的现代派的激发，设计上充分考虑当地的气候条件，如所有室外的步道旁都设置"蘑

↑ 1 底层平面图
↓ 2 主楼全景
↓ 3 主楼上层平面图

↑ 4 坐落在水池中的会议厅与部
长楼

菇伞"遮蔽烈日。这些"蘑菇"是中东传统柱廊的现代版,"蘑菇"下面的柱群使人联想起西班牙9世纪的科尔多瓦清真寺。建筑师采用边长为1.48米的标准单元来组织这一综合楼的内部,他认为这正是一人一间办公室所需的空间。中间的楼高四层,另有三幢较低的翼楼与之呈直角相连,作其他服务用。

会议厅呈球形,引人注目,沃琴斯基在其他项目内多次运用这一形式。它的外壳是一层预制混凝土,厚薄不等。这一无缝薄壳蛋形体,一部分建在水中、一部分在水上,上下掩映,目的全在"艺术的纯粹欣赏"。

军队的司令部用房处于中心位置,而国防部长和僚属的较小用房则设在最西北角,可俯瞰贝鲁特和大海的景色。

沃琴斯基喜爱雕塑。他在阅兵操练场的一侧设置一堵53米长的墙壁,用以与前场分隔,并突出地平线。由他的雕塑家妻子M. 潘(Marta Pan)在这片250平方米的墙面上进行了图形设计,以一系列宽缝来体现,朝向中心,是一幅强烈的激动人心的严肃作品。◢

参考文献

Ply-Audan, Annick, *André Wogenscky*, Paris: Editions Cercle d'Art, 1993, pp. 65–71.
Ministére de la Défense nationale, Beyrouth, *Architecture Plus*, April 1973.

47. 手工艺馆

地点：贝鲁特，黎巴嫩
建筑师：CETA 研究所；P. 尼玛，J. 阿拉克汀吉
设计 / 建造年代：1963—1968

该馆专为展示黎巴嫩手工艺而建造，它位于海边一个景色优美的重要地域，设计方案从一次竞赛中选出。当时，贝鲁特是中东的国际中心，建筑师希望表现一种现代感，然而，馆内展出的是传统艺术因而必然要具有与黎巴嫩传统有关的要素。阿拉克汀吉和尼玛（1931年生）就设计了一个以玻璃包装的透明展厅，远处山海，悉为借入，成为展品的背景。

原先考虑采用混凝土尖拱结构，形成一座"T"字形建筑。然而，结构工程师说服业主改用钢结构拱。支承平顶的钢柱带有传统黎巴嫩建筑中常见的肋拱顶的意味，而周边的独立拱券却呈现出带有现代性特征的典雅形象。结构构件在底部都束成一体，向上至中段分四个方向展开。到了顶棚的高度，拱券构件又汇合一处，以支承平顶。20世纪90年代后期，该馆改为饭

↑ 1 平面图
↓ 2 外观
↓ 3 鸟瞰

↑ 4 从内部看结构
↓ 5 横剖面图

图和照片由 H. 萨基斯与建筑师提供

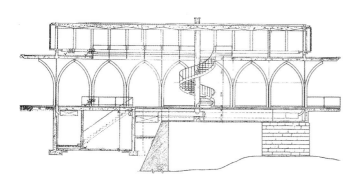

店，独立拱券之间镶嵌了玻璃。◢

参考文献

Rowe, Peter and Hashim Sarkis (eds.), *Projecting Beirut, Episodes in the Construction and Reconstruction of a Modern City*, New York: Prestel, 1998.

48. 社会保障大楼

地点：伊斯坦布尔，土耳其
建筑师：S. H. 埃尔旦
设计/建造年代：1963—1968

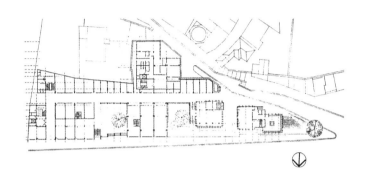

由土耳其卓越的现代建筑师S. H. 埃尔旦（1908—1987年）设计的这一建筑群被公认为是具有文脉的建筑中最优秀的先例之一。它那富于变化的形式，它的尺度、节奏以及它的比例都得之于它的外观，也来自其功能和内部空间的布局。评委在授予1986年阿卡汗建筑奖时，所给的评价是："这些结合具有形式和象征含义的文化的建筑作品在演变中，也带有革命性的意

↑ 1 底层平面图
→ 2 挑檐和窗的细部

味，最终达到成熟、灵巧和深刻。"

这一建筑群坐落在阿塔图尔克大道旁一片3500平方米的三角形基地上。有一条平行于大道的内部双层步行道成为建筑群的中枢通道，地面层有商场和庭院与邻近地段联系，亦连接着本楼群的四幢房屋——六层高的办公楼、四层高的诊所、三层高的银行（其顶层带有餐厅）和二层高的楼房（带有商店和食堂）。整个群体有114米长，其南端与邻旁的住房高度相当。顺坡地而上，建筑的尺度也逐渐增大，与周围有历史延续的城市肌理相协调。建筑的总面积有10140平方米，尽管尺度不尽相同，但保持着统一的建筑语言。

结构采用混凝土框架，砌块填充墙，混凝土楼板。悬挑的屋檐、模数化的垂直条窗反映出的是以现代术语表达的安纳托利亚地方建筑，特别是住房形式。

← 3 大道旁的建筑一角
↑ 4 从东面看建筑群全貌
↓ 5 沿大道的立面图

图2由 H. U. 汗提供，其余由阿卡汗文化基金会提供

不幸的是这座建筑在建造时就被修改，建成后又没有按原意图使用，而且没有得到很好维护。即使如此，它仍然在现代土耳其重要建筑中占有一席之地，成为一件真正的古典作品，具有长久的意义。

参考文献

Serageldin, Ismail, "The Social Security Complex", *A Space for Freedom*, London: Butterworth Architecture, 1989, pp. 78-89.
Bozdogan, Sibel with Suha Özkan and Engin Yenal, *Sedad Eldem. Architect in Turkey*, Singapore: Concept Media, 1987, pp. 85-95.

49. 亚美尼亚沙基斯教堂

地点：德黑兰，伊朗
建筑师：M. 考特切克
设计 / 建造年代：1964—1970

↑ 1 侧面景观
↑ 2 主入口门
→ 3 全景

图和照片由 M. 马达尼提供

亚美尼亚沙基斯教堂，位于德黑兰两条大街的交叉口上，20世纪60年代末设计并建成。伊朗境内信奉基督教人数最多的族群是亚美尼亚人。沙基斯教堂是伊朗最显著的当代非伊斯兰宗教建筑。建筑师考特切克深受现代建筑运动形态、材料简洁表现的影响。这一影响使原本可以更为传统的设计，在建筑的功能和平面都要求符合宗教习惯的情况下，做了更现代化的调整。

教堂采用对称设计，中央位置是一个尖穹隆顶，前面有一对较小的空透尖顶，呈带肋的尖锥形。建筑用钢筋混凝土建造，用大理石覆面。墙上高而狭的窗户能透入一丝光线，内部主要还是靠穹隆顶上的窗采光，建筑的技术工艺表现明晰、比例宜人，是伊朗建筑的重要作品。◢

参考文献

Tehran at a Glance, Tehran: Ministry of Culture & Islamic Guidance, 1992.

50. 烟草专卖公司总部

> 地点：巴格达，伊拉克
> 建筑师：伊拉克咨询公司；R. 查迪吉
> 设计 / 建造年代：1965—1967

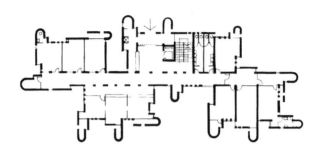

↑ 1 标准层平面图
← 2 立面细部

查迪吉提倡地方国际主义建筑。他认为建筑必须表现材料，体现社会需要和现代技术。他设计的烟草专卖公司总部是他事务所最为优秀的作品之一。

建筑为三层混凝土结构，外墙砖砌。纵向有一条过道通向各办公室。外墙面装点有垂直圆柱体，犹如古代伊拉克8世纪乌海迪尔宫的形式。垂直线条还表现在不同高度的拱形窗口上。

↑ 3全景

↑ 4 外观局部
→ 5 立面图

图和照片由建筑师提供

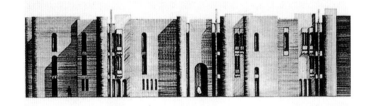

查迪吉这一设计进入了一个新表现主义时期，烟草专卖公司总部对中东地区20世纪60年代至70年代的现代建筑很有影响。◢

参考文献

Chadirji, Rifat, *Concepts and Influences: Towards a Regionalized International Architecture*, London: KPI, 1986, pp. 118-120.

Khan, Hasan-Uddin, "Regional Modernism: Rifat Chadirji's Portfolio of Etchings", *Mimar: Architecture in Development*, No. 14, Oct.-Dec. 1984, pp. 65-68.

Kultermann, Udo, "Contemporary Arab Architecture: The Architects of Iraq", *Mimar: Architecture in Development*, No. 5, Jul.-Sep. 1982, pp. 54-61.

51. 疗养院 *（现为旅馆）*

地点: 太巴列，巴勒斯坦
建筑师: A. 夏隆与 E. 夏隆事务所（原设计及改扩建设计）
设计/建造年代: 1965—1973

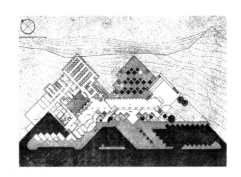

疗养院坐落在一处陡峭山丘上，西望太巴列湖（海平面下213米），视域宽广，其北、东两面群山围抱。建筑师认真选址定位，以期取得最佳景观。A. 夏隆（1902—1984年）毕业于包豪斯，是以色列现代建筑的开拓者，他带领了一个设计小组包括他儿子E. 夏隆和H. 鲁本共同来设计这一疗养院。建筑按带有专门服务设施的旅馆要求来设计，有112间双人客房占3900平方

↑ 1 底层平面图
→ 2 东南侧外观

米，办公设施占1800平方米，诊疗室等占1700平方米，加上其他设施，共8600平方米。

双层通高的入口是门厅大堂和公共空间，面向湖水。上部共有七层，每层16间客房。在屋顶平台，可晒日光浴，也可作休息用。南、北两排房间组成的立面呈锯齿状，节奏感很强。入口层之下设图书室、娱乐室、吧屋和电影场，而围合在内院周围的诊室、治疗室以及健身房都设在北边。这些房间都开向通往花园和游泳池的平台，可俯瞰太巴列湖。

A. 哈拉普在他的《新以色列建筑》一书中说这一建筑"悬挑于山坡，犹如浮游在深渊之上。坐在餐厅内从宽大的窗子向外望，有种四周被湖水包围的感觉，虽然真正的湖面实际上在200米以下"。建筑师巧妙地运用了全景和框景，充分利用主导风

← 3 西北面外观
↑ 4 锯齿形客房细部
↓ 5 剖面图

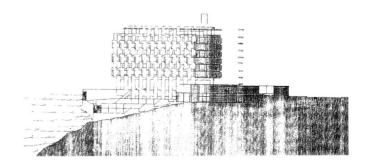

↑ 6 连接新旧部分的楼梯
← 7 可俯视湖面的餐厅

向，使建筑具有现代的诗意。

20世纪90年代初开始改建，并增建了一侧翼，现称为"喜来登4点旅馆"，设计者仍是原来的设计事务所，但已由E.夏隆的孩子们接手主管。新增建的客房部分可俯视湖面，处在原有房屋的下面，凹入山腰而建，其屋顶则作为原有客房的露天观景平台。另建一部楼梯连接这两个部分，由一面圆形橘黄色墙体围蔽。主入口和大堂也经室内设计师重新加以设计。1997年改建全部竣工。◢

参考文献
⋮

Harlap, Amiram, *New Israeili Architecture*, Rutherford, NJ: Fairleigh Dickinson University Press, 1982, pp. 342-343.

"Honeycomb on a hillside in Israel", *Ideal Home* (London), April 1997.

↑ 8 有盖平台（可看到湖面）
↓ 9 一层、三层、五层平面图

图3、图6由R.厄尔德摄制，其余由建筑师提供

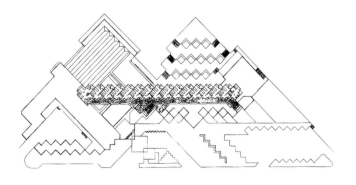

52. 会议中心及旅馆

地点：麦加附近，沙特阿拉伯
建筑师：R.古特勃劳德，F.奥托，H.肯德尔，等等；奥雅纳设计公司
设计/建造年代：1967—1976

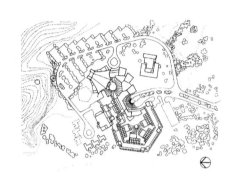

↑ 1 总平面图
↑ 2 清真寺（背景为旅馆）

1966年沙特阿拉伯财政部举办了一次国际设计竞赛——在圣城麦加附近设计一个带有旅馆和清真寺的会议中心。获胜者为著名的建筑师R.古特勃劳德和F.奥托，他们原先的设计是一个帐篷结构，覆盖着一处人造绿洲，四周有低层房屋围绕；后来修改为若干帐篷建筑，不规则地布置在两座有部分绿荫的花园周围。分设的洲际旅馆拥有170间客房和五套大型套房，可俯

↑ 3 旅馆庭院与遮阳棚

↑ 4 旅馆客房围绕着中央的遮阳、
　　景观庭院布置
↓ 5 会堂剖面图

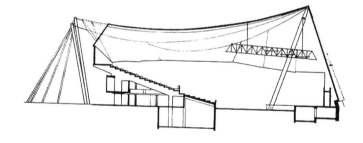

瞰花园。会议中心位于入口大堂的一侧，共有一个1400座的大会堂、三间200人的会议室和六间小会议室。另有供妇女使用的设施，其中包括单独的入口和通向停车场的专用通道。有一条景观道路从主入口处引往清真寺。其闪闪发光的形体能从远处望见。

大会堂与会议设施分设在三座建筑内，轻钢结构，屋面材料为反光带肋铝板。大会堂内部动感空间从张拉屋顶直泻至舞台部分和现浇的混凝土座席与楼梯塔。受传统木制格栅隔屏的启发，以新的图案和材料创造出新的意境，弥漫在走道、旅馆客房的阳台、接待宾客的宽大玻璃隔断空间以及办公室内。建筑的表面处理丰富多彩，所用的材料从石料、砖瓦到以木材和马赛克所制的装饰复合板。

建筑群体既采取传统的要素和主题，如帐篷和

↑ 6 建筑群全景，右侧为会堂

↑ 7 会堂内景
↓ 8 会堂平面图（包括前院）

图和照片由阿卡汗文化基金会提供

庭院，又与现代的技术相结合，从而形成现代的建筑类型。这一设计于1980年曾获阿卡汗建筑奖，是沙特阿拉伯建筑中率先拒绝国际现代主义的例子之一。◢

参考文献

Holod, Renata and Darl Rastorfer (eds.), *Architecture and Community*, New York: Aperture, 1983, pp. 151–161.
American-Arab Affairs Council, *American Architects on Recent Architecture in the Arab World in Middle East*, Washington D. C., 1986.

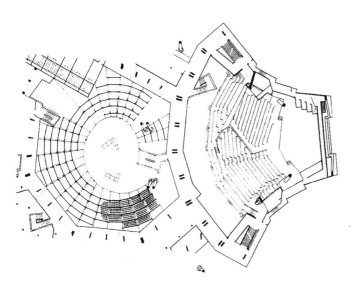

53. 当代美术馆

地点: *德黑兰, 伊朗*
建筑师: *DAZ 建筑与规划事务所; K. 迪巴 (原设计) , A. J. 梅杰与 N. 阿达兰 (扩展设计)*
设计 / 建造年代: *1967—1977*

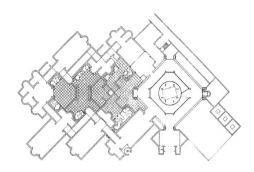

← 1 总平面图
↓ 2 全景

该美术馆坐落在德黑兰北部当时被称为"法拉园"的地方, 是一座现代西方建筑, 面积7000平方米, 建筑低平, 只有门厅上方一部分显露在树梢之上。展廊上设有若干采光筒, 有如当地房屋上的迎风筒。最早由画家兼建筑师的 K. 迪巴和 N. 阿达兰设计, 并在迪巴事务所内完成。有一些评论指出这一设计受到路易斯·康和 J. L. 舍特20世纪60年代作品的影响, 设计人也承认

↑ 3 从街上看采光塔
↓ 4 通过入口的剖面图

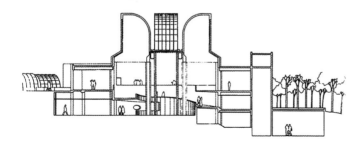

这一点。后来，迪巴被任命为美术馆第一任馆长，他还将N.法吉赫开创的国内第一个建筑设计部大加发展。

门厅顶部采光，进门后环状布置有七个展廊，用坡道相连，坡道逐渐下降，走到了门厅的下一层入口。在螺旋形坡道尽端处有入口通向会堂、书店、图书室、办公室和工作室。从下层门厅出去有一花园，旁边设有玻璃墙面的餐厅。矩形的展廊内点缀有凹室，适宜陈列较小的作品。天然光经过北向的采光筒透入，再从对面的弯曲墙反射，但这一措施实际效果不尽理想。然而，展廊的尺度和形体确使展品增色。雕塑庭院是馆中的焦点所在，空间宜人，吸引着不少参观者。从庭院还能欣赏建筑的第五立面——屋顶。

美术馆建筑为美术作品，也为参观者营造了一个合宜的环境。自从20世纪80年代伊朗的政治动荡以来，美术馆在当代美术的收藏方面以及展览和活动的性质方面都有所变动。这一建筑标志着伊朗现代建筑重要的一刻，是一项意义重大的作品。◢

↑ 5 入口门厅

图由建筑师提供，照片由B.佐赫迪摄制

参考文献

Dixon, John Morris, "Cultural Hybrid", *Progressive Architecture*, Vol.59 No.5, May 1978, pp. 68-71.
Kamran Diba, *Buildings and Projects*, Stuttgart: Hatje, 1981, pp. 30-47.

54. 科威特水塔

地点：科威特市，科威特
建筑师：VBB 事务所；M. 布约恩，等等
设计／建造年代：1969—1976

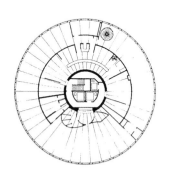

 水塔平面图

将城市供水系统的水塔列在优秀建筑的名册上显得那么的不寻常。然而阿拉伯半岛缺水，水塔就具有了象征性意义。1967年，科威特电力和供水部委托瑞典的VBB事务所研究并提出一项供水计划。工程从1970年开始，到1976年底完成，在科威特市的风景线上矗立起35座混凝土蘑菇状水塔，蔚为大观。

科威特的埃米尔——沙巴酋长要求这项供水计划要具有标志性。VBB事务所于1969年提出了几个方案，M. 布约恩设计的这一惊人之笔被选中。屹立于科威特湾突出的海角上共有三座水塔。主塔高185米，上有二球。下球的上半部设有一个90座的餐厅、一个宴会厅和室内花园；而上球有一个供70人使用的旋转餐厅和可容纳400人的观光台，利用塔身内的电梯上下。观光台四周蒙有铝框三角形玻璃面。在旋转餐厅内，市

↑ 2 作为科威特供水系统一部分的蘑菇形塔

↑ 3 主塔底座

↑ 5 从临近塔内的餐厅看塔的马赛克顶

图和照片由阿卡汗文化基金会提供

景、海景尽收眼底。

主塔旁的第二塔高140米，上设球状水箱。球体表面由约41000个搪瓷钢盘组成，排成螺旋形。蓝、绿、灰三色的球体白天明艳夺目，到夜晚在照明灯下闪闪发光。第三座为针状细塔，并无水箱在上，是为电气设备而建，亦为夜间群体照明效果而设，确实引人入胜。

据建筑师自己说："科威特水塔群中之首……是'大球'，带有地球人间的温暖……忽然间大球给贯穿了……我并没有把水塔建得像邦克楼的意图，可是它们之间明显的有共同之处。"马赛克似的彩盘使人联系起伊拉克和伊朗历史建筑的穹隆顶上的贴砖，不依赖任何文字语言，却呼唤起伊斯兰的精神。1980年，这一项目获得阿卡汗建筑奖。有如

埃菲尔铁塔之于巴黎，这些水塔已成为科威特市的象征。

参考文献

"Water Towers, Kuwait City, Kuwait", in Holod, Renata and with Darl Rastorfer (eds.), *Architecture and Community*, New York: Aperture/Aga Khan Award for Architecture, 1983, pp. 173-181.
Kultermann, Udo, "Acqua per L'Arabia", *Domus*, No. 596, 1979.

55. 伊朗管理研究中心（现为伊玛目萨迪格大学）

地点：德黑兰，伊朗
建筑师：曼荼罗事务所；N. 阿达兰
设计/建造年代：1970—1972

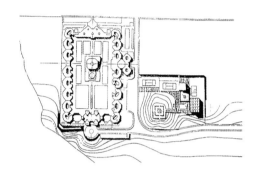

←1 总平面图

这一项目的第一期建设集中在管理研究中心（ICMS），第二期考虑的是大学。建立该中心的目的是建立一个小型的独立机构，培养120多名研究生。1978年至1984年，伊朗政府将中心扩展，使之成为伊朗独特的本土教育的楷模，旨在追求社会科学学科的伊斯兰化。第一期工程建筑是最值得注意和最具有生命力的部分。

原来的设计是由伊朗当代最主要建筑师之一的阿达兰担当。该中心位于山丘顶上，中有一个矩形花园，从轴线端头有四条道路从四门通入。四周均设有学生公寓单元，东有行政楼，北有餐厅，而教室在西侧。学生单元有16个，每一单元住8名学生，单元中央是聚集的场所。此外还有讲堂、图书馆、餐厅、办公室和独立的体育与活动中心。图书室建在花园中央。第二期中，增建了11幢二层楼房、一座清真寺和其他用房，由建筑师J. 马兹伦精心设计，他对阿达兰原有方案倍加尊重，态度谦逊。

建筑师把他的方案称为以曼荼罗做根据的花园——经学院。他在中心花园（70米×140米）布置了一系列的亭阁组群。内向的房屋在平面和剖面上都各具形状，如正方形、六角形等，形成大小有序的群体，按功能组合，悦目适宜。六角形的学生生活庭院可以说是其中最突出的部分。建筑

师认识到伊斯法罕的哈希特·贝黑希特王宫（又译"八座天堂"）以及像卡尚的费恩庭园（又译"玫瑰园"）所引发的灵感的重要性。然而，阿达兰得之于传统建筑的多是在空间和抽象方面，运用隐私、天国花园以及轴线等概念，借实墙、拱顶和拱廊等来表达。

绿化增添了一层柔性空间，丰富了建筑。园内种植速生的白杨、缓慢生长的柏树，还有果树，都起着调节气温的作用。

结构设计考虑了抗震。原来的部分中，学生公寓单元用的是承重砖墙，现浇混凝土半圆拱顶。较大的建筑，如图书馆，采用混凝土框架、平屋顶，外墙面是暗黄色的清水砖，室内墙面粉刷涂料。第一期建设的总预算约7000万第纳尔，约合1500万美元。

今天，这一建筑群及其所含的原理，它的空间、尺度的法则和用材，已为伊朗许多建筑师所借鉴。建筑师在这一作品中很鲜明地运用了"伊朗–伊斯兰"的理念、美学和几何学，使之成为开创性的建筑作品，在历史上和文化上都具有重要意义，阿达兰和巴赫蒂亚尔合著的《统一的感觉》一书中对此有详尽的论述。

参考文献

Kassarjian, J. B. and Nader Ardalan, "The Iran Centre for Management Studies, Tehran", in *Designing in Islamic Cultures I*, Higher-Education Facilities, Cambridge, MA: The Aga Khan Program for Islamic Architecture, 1982, pp. 22-29.
Yücel, Atilla, *Imam Sadegh University* (report), Geneva, Aga Khan Award for Architecture, 1989.

← 2 中央图书馆
↑ 3 其中一座围绕六角形庭院的筒拱式学生公寓

图和照片由建筑师提供

56. 土耳其语言学会

地点：安卡拉，土耳其
建筑师：贝克塔斯参与性设计所；C. 贝克塔斯
设计 / 建造年代：1972—1978

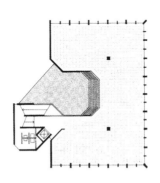

↑ 1 标准层平
面图

← 2 中庭

土耳其语言学会拟在老楼旁建一新楼，因此举办过一次邀请性设计竞赛。被邀参加的建筑师不多。

贝克塔斯设计所的方案被选中，这也可以说是该设计所最成功和具有影响的作品（20世纪80年代中期被土耳其建筑学者评为土耳其最佳的当代建筑）。建筑设计于1972年，由于经费问题使建造推迟，直至1978年方才落成。

↑ 3 连接新老建筑的入口台阶
→ 4 剖面图

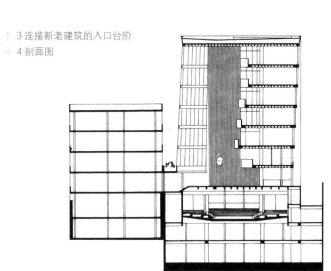

↑ 5 沿街立面景观

图和照片由建筑师提供

这一"U"字形平面、开敞式办公室的建筑高十层，钢筋混凝土结构，按安纳托利亚传统住房的方式设计。底层中庭旁有一个400座的会议厅，中庭周围也设有办公室。新楼的服务部分与六层老楼相连。中央引人注目的空间和两楼之间的楼板高差使有条件在每一层的底部设置孔洞，以利自然通风。沿街立面为混凝土面和垂直"踏步式上升"的折叠状玻璃，比例优美、表现清新。◢

参考文献

Khan, Hasan-Uddin and Suha Özkan, "The Bektas Participatory Architectural Workshop, Turkey", *Mimar: Architecture in Development*, No. 13, Jul.-Sep. 1984, pp. 47-65.
Gerçek, Cemil (ed.), *Cengiz Bektas, Mimarlik Çalismalari*, Ankara: Yaprat Kitabevi, 1979, pp. 58-63.

57. 国民大会堂

地点: 科威特市, 科威特
建筑师: J. 伍重
设计 / 建造年代: 1972—1983

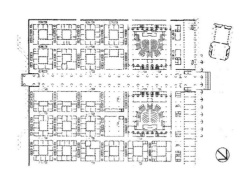

科威特的国民大会堂是一座纪念性建筑, 既宏伟又具现代空间感, 既灵巧又具有地方特征, 如帐篷以及具有科威特民族特征的船舶。伍重获得1972年这一项目的国际竞赛第一名。W. 柯蒂斯在他的《1900年以来的现代建筑》一书中评论说:"建筑师要在王族、种族、政府、官僚等多元结合的独特政体制度中塑造出一个形象, 不是件易事。在实用角度上, 那就是一个要解决从入口处就能见到和到达所有部分的问题。"

该建筑平面几乎呈正方形, 中间有一条道路划分, 路的终端有一个壮观的礼仪大厅和俯瞰大海的广场。道路的一侧是大会堂。会堂和礼仪厅顶上都有着飞扬的"帐顶", 以其"无瑕的美的神圣姿态"面向大海。其他楼则都是二层高, 环绕庭院布置, 各设有不同的政府部门, 有需要还可增扩。

结构采用预制混凝

↑ 1 底层平面图 (有一单元未建)
↓ 2 全貌
↓ 3 顶篷

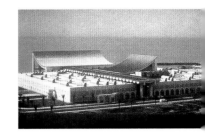

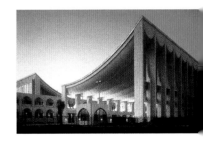

↑ 4 从海面看礼仪厅
← 5 议会厅剖面图

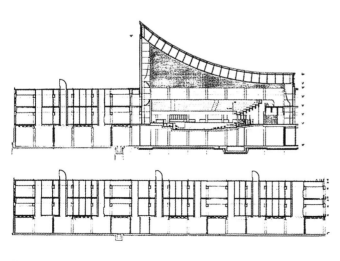

土空心曲变截面柱，支撑着预制混凝土悬链状屋架。对伍重来说，这是其主要特征，尤其屋顶是地方原型的表现。建筑师认识到，在科威特，阴影对于人们的生存是何等重要，可以看作统治者庇护其臣民的象征。有一句阿拉伯谚语说："当一位统治者死去，他的阴影随之消失。"

很可惜的是，在1990年至1991年伊拉克入侵和海湾战争中这一建筑受创，后来又重做了修理和装修。

↑ 6 议会厅内景
↑ 7 建筑群体中的室内"街道"

参考文献

Curtis, William, *Modern Architecture since 1900* (3rd edition), London: Phaidon, 1996, pp. 585-586.

Skriver, Poul Erik, "Kuwait National Assembly Complex", *Living Architecture*, No. 5, 1986, pp. 124-127.

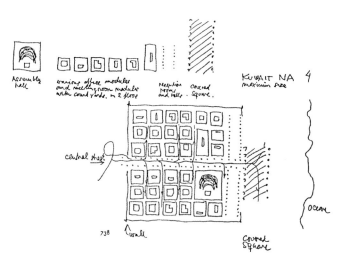

Assembly hall

various office modules and meeting room modules with courtyards. in 2 stores

Mezzanine rooms and halls

Covered Square.

KUWAIT NA 4
maximum size

central shaft

738 wall

Covered Square

ocean

↑ 8 入口雨篷
← 9 建筑师的构思草图

图和照片由建筑师和阿卡汗文化基
金会提供

242

58. 王储办公总部

地点: 里法, 巴林
建筑师: M. 马基亚事务所; M. 马基亚
设计/建造年代: 1973—1976

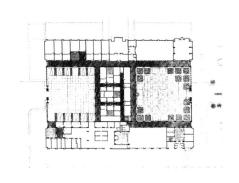

哈利法王储委托M.马基亚为他设计办公楼, 要求"在采用先进技术的同时能将伊斯兰形象"保持下来。建筑师对此要求的反应是设计一座有着沙漠堡垒意味的低层建筑。

建筑坐落在条形的岩石地上, 平面呈"H"字形, 围绕两个庭院布置, 其一为公共庭院, 另一为服务院。主入口通向公共庭院, 四周环绕有觐见厅、带穹隆顶的清真寺、宴会厅以及位于中央的办

↑ 1 底层平面图
→ 2 宴会厅内景

公建筑。服务设施和各部门办公室位于服务庭院的两翼，院内还可供停车和运货之用。

关于庭院布局王储给建筑师提出了专门的设计要求：两座庭院都应使各室有自然通风，水池应有助于改善小气候，降低酷热。厚实外墙上开凿的细狭长窗，使人联想起地方性乡土建筑。钢构架支撑着混凝土屋顶。墙身用混凝土块砌筑外施粉刷，而内墙面和顶棚主要饰以木雕。

与这一地区内稍后建造的更宏伟的宫室相比，这一建筑群在尺度和处理上更显得保持着伊斯兰的谦逊品质，也更与环境相协调。▰

参考文献

"Office Complex and Majlis for H. E. the Heir Apparent", Project Summary (unpublished), The Aga Khan Award for Architecture, 1980.

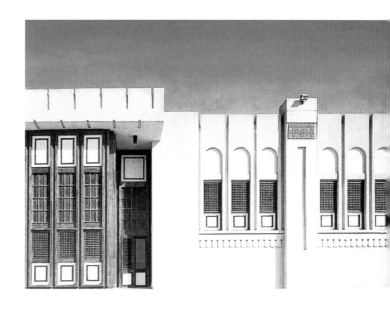

← 3 北面全景
↑ 4 外观细部
↑ 5 东立面图

图和照片由阿卡汗文化基金会提供

59. 幼儿园

地点: 沙迦及其他地方, 阿拉伯联合酋长国
建筑师: 赖斯与图坎事务所; G. 赖斯, J. 图坎
设计/建造年代: 1973—1976

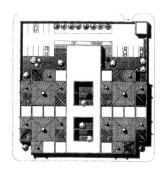

← 1 屋顶平面及总平面图
↓ 2 入口立面
→ 3 多功能室

建筑师设计了一个幼儿园原型——在若干年内, 阿拉伯联合酋长国境内建造了13所这样的幼儿园。1973年接到委托, 一年后完成设计。各地建造时间不一, 有多所是在1976年建成。

幼儿园平面呈方形, 中央是露天游戏场地, 周围布置着单层的规格单元。三间教室成一组, 四组聚合在一处多用途空间周围。每一间教室有一遮阴的室外场地。行政管理

↑ 4 东南向外观
↓ 5 底层平面图

图和照片由建筑师提供

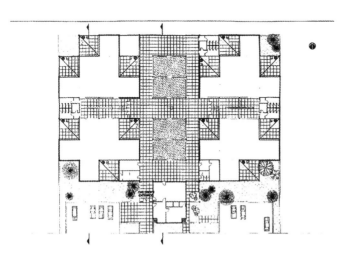

部分设在入口附近，有接待室、等候室、医务室和教员室，每一所幼儿园建筑面积3800平方米。虽然按业主的要求装备了机械空调，建筑师还是考虑了自然通风，并设计、改进了传统的迎风筒，墙壁和屋顶采用双层，中间有空气层，有利于隔热。采用光面混凝土结构，素面的水泥砂砌块，可以节省平日的维护，有一些面块涂以鲜艳的色彩。

这些幼儿园具有明显的特征：规格化的结构，统一的水平混凝土带，以及伸出屋顶的迎风筒。其体形与尺度亲切，给儿童创造了愉快的环境。

参考文献

Abu Hamdan, Akram, "Jafar Tukan of Jordan", *Mimar: Architecture in Development*, No.12, April-June 1984, pp. 54-65.

60. 西孚宫地区建筑群

地点：科威特市，科威特
建筑师：雷马·皮蒂拉，拉伊利·皮蒂拉
设计/建造年代：1973—1983

→ 1 建筑师构思草图

科威特政府根据包括建筑师马丁爵士和F.阿尔比尼在内的国际委员会的建议，规定西孚宫地区的部分建筑群必须体现"新伊斯兰建筑"风格。该建筑群包含三个部分——西孚宫的扩建、部长会议大楼和外交部建筑。设计开始于1973年，由芬兰著名的一对建筑师夫妇担任，他们的作品犹如阿尔托地方现代主义的延续。在这一作品中，有一部分通过刻意的几何形体的丰富堆积，形成了新伊斯兰的特性。这种对几何和秩序的意识与分割局部形体的运用似乎已经符合了科威特的要求。这一建筑，虽然在主题上与皮蒂拉在他们家乡芬兰的作品相似，然而他们必须把对于气候的考虑反向地加以处理——把阳光遮蔽起来而不是敞开将阳光迎入。

西孚宫地区临近海边（"西孚"意即"岸"），这是灵感之源，设计中广泛运用水作为结合统一的要素。建筑群建在原西孚宫（1963年建）旁围填的土地上，可俯瞰大海。建筑师告诉大家，科威特市以北约200公里处有一堵乌鲁克古城墙，西孚宫地区建筑群的布局就是受乌鲁克城墙的影响。

宫殿的扩建部分设置了埃米尔的接见厅，其设计与原来宫殿的列柱和拱券相呼应。会议大楼和外交部大楼体量硕大，不仅表现在尺度上，而且比起宫殿扩建部分的体量，更

具有当代的形体表述。这
三座建筑的形体从比较传
统到现代有着一个进程。

　　砂灰砖的墙面，与砂
的黄色调相配，反映出政
府庄重、严肃的形象。建
筑周边的拱廊，以及凹退
的窗户都起着遮阳的作
用，而面对隐蔽的内部空
间则设有较大的窗口。为
了漫射酷热的日光，采用
柚木隔屏。为了加强对
比，室内和内院的墙面铺
有色彩鲜艳的分隔条，使
人联想起阿拉伯帐篷内分
隔空间用的幔帐。室内的
公共空间设置了几何形板
块和喷水池，十分生动，
倍增生气。整个建筑群与
这一地区所有政府新建筑
一样，都采用机械空调，
机房则是一单独的大型
厂房。

　　在阿拉伯世界20世纪
70年代和80年代所建的政
府建筑中，这一建筑群在
色彩和图案的运用上都是
非常卓越的。

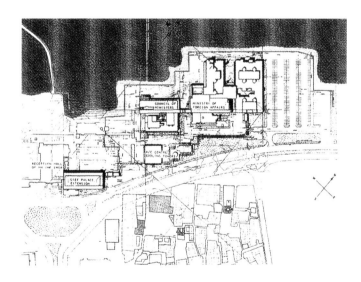

←2 西孚宫扩建，与现有宫殿并列
↑3 部长会议大楼全貌
↑4 总平面图

↑ 5 部长会议大楼内厅

参考文献

Randall, Janice, "Sief Palace Area Building, Kuwait", *Mimar*, No.16, 1984, pp.28-35. Architettura nei paesi islamici, Exhibit and Catalogue entry, at the Biennale di Venezia, Venice: Electa Editrice, 1982, pp.168-169. Gardner, Stephen, Kuwait: *The Making of a City*, London, 1983.

↑ 6 格窗和彩色图案砖作为建筑
　语汇
→ 7 部长会议大楼内景（有标准
　格窗）
↓ 8 外交部大楼剖面
↓ 9 沿阿拉伯街立面

图和照片由 R. 皮蒂拉提供

61. 舒什塔尔新城

地点：胡齐斯坦省，伊朗
建筑师：DAZ 建筑与规划事务所；K. 迪巴（主持），C. P. 萨贝瓦，等等
设计 / 建造年代：1974—1980（部分建成）

K. 阿格鲁实业公司在1973年计划建一座舒什塔尔新城以供附近蔗糖厂雇员居住。舒什塔尔是萨珊王朝时代遗留下来的一座沙漠城堡（约公元600年），其平面呈十字形，系从一长方形方格网的穹顶建筑发展起来的，中央有庭院，地下有水道。K. 迪巴采用传统的内向形态、当地的建筑材料和与伊朗社会文化价值相符的形式，以保持与过去的延续。由于业主规定的期限

↑ 1 新城总体规划
← 2 中庭

太紧，第一个组团的设计是在1974年，与总体规划同时进行，于1978年完成。规划预计容纳40000居民，1980年中建成了650套住房。

建筑沿着一条东西向步行林荫道两侧布置，道旁点缀着花园、广场、树荫下的休息处、柱廊、商店和桥梁。步行道的标高有高有低，还辅有植物、喷泉和河道。居住区的道路多为尽端路，既保证安宁，又可用作儿童游戏和邻里会面的地方。住房多为二层，成组地布置在狭窄的砖铺路旁，密度较高。规划为二室户、三室户的住户可以与邻户合并成五室户或六室户。每室一般

↑ 4 东南面外观
↑ 5 大厅与廊桥

车场不远处有一中心广场，上设廊道商店。商店楼上是招待所。这一建筑，一部分有五层高，在广场上会落下阴影，也可通过南北轴线引导气流，减轻热浪。这一个100米×100米的广场，周围原计划建造主要的公共建筑如政府办公楼、旅馆、公寓、商店、电影院等，但无一实现。其他设施如学校和清真寺都已建成。只有设计最佳的清真寺——周五清真寺未建。

全部建筑采用当地产黄砖所做的承重墙、混凝土基础和钢屋架。梁与梁之间通常架设有浅平砖筒拱，跨度为4米。混凝土楼板上铺磨石子板、顶棚粉刷。建筑的使用适宜于当地气候。

公共空间宽广，而住房与街道较密，这种对比，丰富了空间和视觉效果。建筑群体借助于略有坡度的地形组合得体。建筑与街道向着城市中心呈逐渐

5米×5米，最小的也有3米×4米。当地炎热，居民有睡在室外的习惯，因此屋顶露台设屏风以保证空间的私密性。街道大多东西向，有利于住房能受到主导北风的吹拂。居住区内禁止汽车进入。

公共建筑与公共空间间断地布置在组团内。从用作露天茶座、略微抬高的平台，可眺望新城和对岸舒什塔尔老城最大的城市广场沙赫广场，它位于步行林荫道的端点（将通过一项规划的步行桥与老城连接）。林荫道旁离停

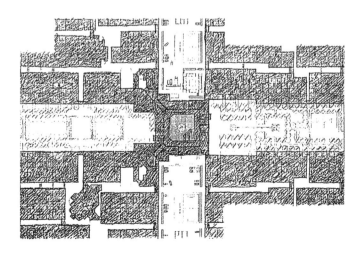

↑ 6 住宅单元，庭院和屋顶
← 7 第一期小区总平面

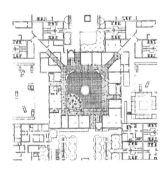

↑ 8 人行过街桥
← 9 广场平面图
↓ 10 沙赫广场平面图

图由建筑师提供，照片由K.艾德尔、阿卡汗文化基金会提供

提高之势来布置，景色亦随之而变。墙面上砖的砌合与窗户的布置给予街道尺度感，也起装饰作用。在街道交叉口处的屋隅切角产生一种过渡感。

从互动城市空间的整体来考虑，这座新城为20世纪新城设计中最佳的实例之一。这是一座独特的城市，是由一个大企业，把满足当地生活方式的当地建筑与工业发展的现代需要，完美地结合起来。 ◢

参考文献

Dixon, John Morris, "Traditional Weave Housing, Shushtar New Town, Iran", *Progressive Architecture*, Vol. 60 No.10, October 1979, pp. 68-71.
Serageldin, Ismail (ed.), *Space for Freedom: The search for Architectural Excellence in Muslim Societies*, London: Butterworth Architecture, 1989, pp. 156-165.

62. 国家图书馆与文化中心

> 地点: 阿布扎比, 阿拉伯联合酋长国
> 建筑师: 协和事务所 (TAC)
> 设计/建造年代: 1974—1981

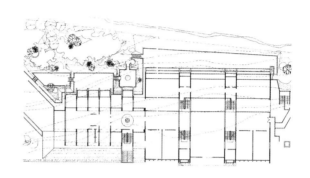

　　这座建筑系馆为该系的一位教授所设计,是由校长委员会从一次内部竞赛的十个方案中选取的。系馆坐落在一片50米×100米的山脊斜坡地上,可俯瞰巴拉达河。建筑师把河水引入基地,打破了条状土地的生硬感。

　　全馆由三部分组成:教学部分,行政办公部分,食堂、厨房等服务部分。教学部分布置在一个大厅的两侧,有两座楼梯与几座廊桥相连,使教学部分安静隔离,下层的廊道、图书馆和食堂都是相聚交往和粘贴通告之类的场所。由于校舍紧张,食堂被移作教学所用。围绕中庭设置的图书馆每室可容纳15名学生。行政和教师工作用房有单独入口,呈半独立状,上下两层都与学生部分相连。房屋高度主要是五层,总面积6300平方米,当时造价300万美元。

　　每一翼房屋的长度,根据叙利亚混凝土建筑的

↑ 1 总平面与底层平面图
↑ 2 建筑群主入口处全景

← 3 拱廊与主喷泉细部
→ 4 庭院，显示出拱廊的光影变化
↓ 5 中庭楼梯

图和照片由建筑师与阿卡汗文化基
金会提供

惯例都不超过45米。构架
的跨度长短不一，最长的
会堂为12米。外墙面喷
砂处理，门窗用铝框。房
屋处处可有穿堂风。建筑
师以鲜明的功能形态，创
造出了富有现代色彩的作
品。尽管若干年来学校有
所变化，但这一建筑却能
顺利适应，始终是校园内
最佳的建筑物。

参考文献

"Department of Architecture,
Damascus" (unpublished),
Architect's Record Form, Ge-
neva: Aga Khan Award for Ar-
chitecture archives, 1983.

63. 大马士革大学建筑系馆

地点：大马士革，叙利亚
建筑师：M. B. 塔雅拉
设计/建造年代：1974—1980

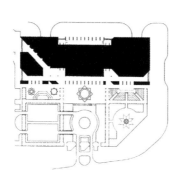

↑ 1 底层平面图
↑ 2 中庭

协和建筑设计事务所在1973年这一项目的公开竞赛中获胜。在做了一些设计修改后，于1977年开始动工，1981年落成。随后的两年中，事务所着手对其进行人员的聘请，购置家具设备，采购图书。

这一建筑与具有历史性的古老宫殿同在一个街区内，对面是大清真寺。用地周围设保安围墙，内部有若干由拱廊围绕的绿化庭院，每一庭院有其专门用途：或是礼仪入口，或作停车场地、露天剧场或儿童游戏场。那些应用在廊道、铺装图案、青铜装饰以及植物上的共同的建筑语言将这一设计紧紧结成一个整体。

主入口设在扎伊德三世街，面对清真寺，其他方向亦有入口。建筑的前后方都有柱廊，作为内外空间的过渡。图书馆、讲堂和会堂等布置在三层楼高的展览厅的四周。图书馆布置在西南方的楼上，藏书68万卷，还有可扩充

↑ 3 建筑北面外观
→ 4 大厅与廊桥

余地。讲堂可独立使用，
也可与图书馆合用。管理
部门、阅览室、讨论教室
也都设在楼上。东北面是
1100座的会堂。立面多为
空白实墙，窗孔很小。在
用大面积玻璃的地方都设
深远的柱廊，用以蔽日。
基本面材是光面混凝土，
木材用柚木，室外扶手、
停车廊和门窗框均用古铜
色铝材。这一建筑群在向
酷热气候应战中以现代派
语言成功地获得了建筑意
匠的表现。

参考文献

Solar Control, *Middle East Con-struction*, April 1981, pp. 49-54.
"The American Approach: Building Boom Challenges the Architects", *Jerusalem Star*, January 1984, pp. 19-25.

↑ 5 东南面外观

图和照片由阿卡汗建筑奖提供

64. 阿卜杜勒·阿齐兹国王国际空港朝圣候机楼

地点：吉达，沙特阿拉伯
建筑师：SOM 事务所
设计/建造年代：1974—1982

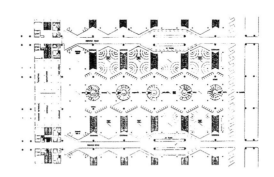

每年有100万以上的信徒前往麦加朝圣，前后时间约有六周。面对这逐年增加的朝圣者，沙特阿拉伯政府为改善航空客运于20世纪60年代开始计划新建一幢候机楼。美国的SOM事务所受委托担任建筑与工程设计。1974年动工，历时八年建成，耗资6.5亿美元。

候机楼是空运和长途汽车客运的换乘点，被设计成形似巨型的游牧民族常用的帐篷。空港位于麦

↑ 1 候机楼底层平面图
↑ 2 候机楼全景

加以西70公里，吉达的西
北60公里处，占沙漠地
105平方公里。候机楼用
地约40.5公顷，朝圣期间
可运送95万旅客。候机楼
为两座相同的320米×686
米的帐篷状建筑，由一景
观林荫道连接，每座建筑
分为五个相同的组，每一
组又由21个轻型帐篷形单
元组成，长边七个单元，

短边三个单元。

候机楼共有20个登
机口。旅客下机后进入候
机楼上层设有空调的到达
厅，办理入境手续，然后
下到地面层领取行李。宽
广的候机厅和辅助设施部
分全部不设空调。服务设
施，包括商店、餐厅和清
真寺，还有准备膳食、供
洗涤和睡眠的设施。通往

麦加的长途公共汽车站也
设置在这里。

候机楼的结构设计由
以 F. R. 汗（Fazlur Rehman
Khan）为首的小组负责。
这也许是最有新意的特
点。帐篷单元的尺寸是45
米×45米，从20米高度
升起直至离地33米的锥
顶。篷料是由欧温斯柯宁
公司制造的涂以特氟隆的

← 3 候机楼停机坪
↑ 4 特氟隆涂面的织布
→ 5 由双柱支托的帐篷单元
↓ 6 一个单元的剖面图

重磅玻璃纤维织物，引拉在成列的双塔杆架之间。全楼共有440座塔杆，每座45米高，重68吨，直径从2米逐渐收至1米。白色的篷料能反射约75%的太阳辐射量，当外界气温在100°F（约37℃）以上时，篷下可保持在85°F（约29℃）左右。篷料的寿命可达35年。

这一设计在1983年荣获阿卡汗建筑奖，给它的评语中写道："它的屋盖体系被认为是具有卓越才华和富有想象力的设计，覆盖如此宽广的空间而又无比庄重和美观，是对这一令人惊讶的挑战的答复。……这一设计毫无疑问将是伊斯兰世界今后的设计思想灵感的源泉。"

↑ 7 朝圣时期的候机楼内景
← 8 一个帐篷单元的轴测图

照片由R.冈内摄制，阿卡汗文化基金会提供；图由建筑师提供

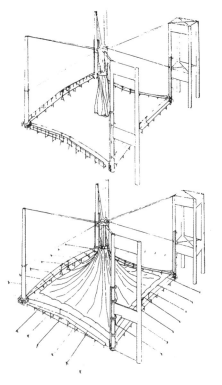

参考文献

Cantacuzino, Sherban (ed.), *Architecture in Continuity*, New York: Aperture, 1985, pp. 122–127.

65. 拉撒轮胎厂

地点: 伊兹米特, 土耳其
建筑师: D. 特克里, S. 西萨
设计 / 建造年代: 1975—1977

工厂位于离伊兹米特5公里的主要公路旁, 是中东地区在技术应用和建筑表现上都有所创新的难能可贵的工业建筑。占地100公顷, 地势平坦, 与运输网有便利的联系。工厂共有两栋主楼: 一栋为单层厂房, 另一栋为用作办公、社会设施的二层楼; 建筑占地70000平方米。

工厂的设计是从八个方案中选出的, 其结构体系由建筑师构思而来, 它

↑ 1 屋顶平面图
→ 2 工厂内景

← 3 工厂全貌（背景是伊兹米特城）
↑ 4 立面细部
⤳ 5 行政楼剖面

图由建筑师提供；照片由 R. 冈内摄
制，阿卡汉文化基金会提供

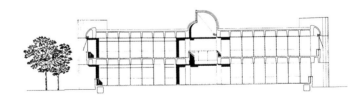

采用预应力混凝土梁，搁置在 12 米和 16 米柱距的预应力混凝土柱上。屋盖采用预制混凝土板和双"T"字形屋面板，有利于提升施工速度。施工期为一年半，当时在土耳其是一项纪录。办公楼用的是现浇混凝土结构，双向肋板。厂房的另一特色是用管状聚酯玻璃构件，相隔 6 米设置，中间可设服务管线并可在其间安装透光玻璃板，使厂房内能获得均匀、漫射的自然光线。沿着成列的船舱式圆窗，圆筒形构件给予厂房一种视觉的趣味和人的尺度感。

参考文献
:

"Lassa Tyre Factory, Izmit", Mimar: Architecture in Development, No.18, Oct.–Dec. 1985, pp.28–33.
Dogan Tekeli-Sami Sïsa, Projects 1954–1994, Istanbul: Yem Yayin, 1994.

66. 哈莱德国王国际空港

地点：利雅得，沙特阿拉伯
建筑师：HOK 事务所及某四人小组
设计/建造年代：1975—1977

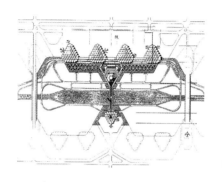

← 1 空港总平面图

利雅得的这座空港位于城市以北约35公里的沙漠中，占地243平方公里，是沙特阿拉伯王国的大门。空港建有四个主航站楼，一个王室航站楼，一座清真寺以及其他附属设施，其间有绿化广场和花园等，每年接送旅客可达1500万人次。

沙特的国防航空部于1974年7月与贝克特（Bechtel）公司订立了一揽子交钥匙合同。一年以后，以设计空港著名的HOK事务所（达拉斯和迪拜的机场的设计以及华盛顿杜勒斯机场的扩建都是出自HOK事务所之手）获得了建筑设计的分包合同。1978年破土动工，最后于1983年11月落成。该项目预算宽裕，规划者和建筑师们因而有条件建造出世界上最佳的空港楼。造价最终达35亿美元。在完工之际，这一目标有无达到，意见并不一致。设计人G.奥巴塔在1984年一次空港论坛上接

受采访时说过："我不认为以后会有像哈莱德国王国际空港那样的是迫于情势、条件的因素而建造出来的。"

这一项目包含两个国际航站楼、两个国内航站楼，总共设32个连通登机桥的登机口。王室厅专为王家贵宾和国王使用。一座可容纳5000人祈祷的清真寺，象征性地矗立中央。机场设两条平行跑道，还有其他设施如指挥塔、办公楼和足以停泊

2 空港鸟瞰（前景为候机楼，中景为清真寺，远处为王室候机楼）

7400辆汽车的车库。附近还建有员工居住区，其中有171幢别墅、219套公寓、248幢城市住宅、四所学校、一座清真寺和一个康乐中心。

空港设计具有强烈的统一性：由等边三角形体作为母题单元构成。三角形航空站在平面布局上也十分有效——三角形的两边面向机场，而第三边则是为城市服务。离港部分位于到达部分上方，上下由一个建有绿化喷泉的中庭相连。屋顶结构十分动人。清真寺的穹隆顶和邦克楼是所有建筑中最具伊斯兰特色的部分。清真寺的内部采用珍贵的材料和

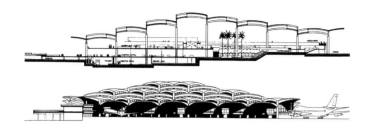

几何图案加以精美装饰，沐浴在天然光线之中，华丽绝伦。混凝土基础支承着预制钢构架，钢楼板上现浇混凝土楼面。屋顶的三角形，分成几个层次。各层屋顶檐口之间设条窗。清真寺的穹隆顶为钢制空间网架，直径33.5米。下方用柱和桁架支承，并有裙房的钢梁作为横向支撑。

这一空港建筑运行良好，美观怡人。当地居民常把它作为聚会的场所，他们来到这里欣赏建筑，观看飞机起降，或在绿丛中野餐，或去寺内祈祷。

参考文献

"Affording the Best", *Architectural Record*, March 1984.
Hobson, Dick, "The Riyadh Gateway", *Aramco World*, Jan.–Feb. 1984.

↑ 3 候机楼立面与剖面图
↑ 4 清真寺鸟瞰
← 5 清真寺主祈祷厅内景

图和照片由建筑师提供

67. 市长办公楼

地点：巴格达，伊拉克
建筑师：H. 莫尼尔
设计/建造年代：1975—1983

市长办公楼是巴格达市中心建筑群中的一座。建筑师规划的总图除了布局外还对个别的建筑物提出了一些设计准则，包含沿柱廊各层面的交通设施、绿化景观、停车位和其他公共设施。

全部竣工后，将会有一个壮观的广场衬托这一气派的办公楼。办公楼平面呈方形，中间设一庭院。作为行人交通用的柱廊伸入办公楼，并通向广场。楼的各层按用途划分，地面层和局部隔层设有接待室，连接会堂、展览室和公共功能区的过厅。其余各层供办公用，

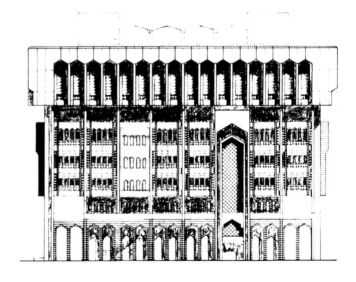

↑ 1 立面图

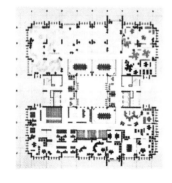

↑ 2 全景
↑ 3 底层平面图

图和照片由建筑师提供

采用开放布局，运用灵活。市长、副市长和市议会部分位于双层通高的第八层，这一层挑出于以下各层，相当醒目；这一楼层上还设有专用的庭院，院中建有传统的喷泉。餐厅、食堂设在屋顶花园的一角，能俯视巴格达市。

建筑师选用该地区的传统建筑材料——砖和当地产的彩色釉面面砖。建筑物上运用了当地的元素，如庭院、遮阴用的巴格达式的格花屏（shanashile），而砖砌尖拱、几何图案的木装修，室内室外都有应用。建筑采用中央空调。

大楼总建筑面积29000平方米。从设计到1983年最终完成，前后分期建设共用了八年之久。莫尼尔在伊拉克的许多设计都表现出他关注传统要素与现代设计的融合。这一办公楼就是一个成功实例。

参考文献
　　⋮
"Medinat al Salaam, Baghdad 1979-1983" (special issue), *Process Architecture* 58, 1985, pp. 40-41.

68. 洲际旅馆

地点：阿布扎比，阿拉伯联合酋长国
建筑师：BTA 事务所
设计/建造年代：1976—1981

洲际旅馆位置独特，可俯瞰阿拉伯湾。萨义德酋长被授予这个旅馆开发权时，要求建造一幢高品位的高楼。美国剑桥市的BTA事务所提供了设计，后来几经调整和缩小。第一轮设计完成于1976年。旅馆于1981年开业，耗资8100万美元。

旅馆总建筑面积约37000平方米。主体是一座20层的塔楼，共有450间客房，另在顶上两层有17间套房。塔楼呈南北

↑ 1 总平面图
→ 2 从日光浴处看旅馆

↑ 3 原方案模型（未用）

↑ 4 楼梯细部

向，建在一个围绕游艇码头的三层裙房上。入口层除大堂外设有餐厅、商店和会堂，有一开敞的楼梯通向下一层的滨河路，该层还设有舞厅和其他功能。日光平台设有游泳池、健身室和快餐台，另外还设有四个网球场。

旅馆是混凝土的摩登建筑，布局组织是西方式的。它含有当地的、伊斯兰式的要素如屏风、彩色面砖以及其他诸如文字形、几何形和植物形的各种装饰。花园和水体也广为运用，如游艇码头和旅馆专用的潟湖。建造时正处在中东地区大量新旅馆蓬勃兴建的时期，BTA事务所的这一建筑，由于细部丰富和故作炫耀，相当

夺目。

参考文献

"Three Intercontinental Ho-
tels: Abu Dhabi; Al Ain, UAE;
Cairo, Egypt", *Process Architec-
ture*, No. 89, pp. 120-124.
"Designing in the Islamic
Context; Two Inter-Continental
Hotels in Abu Dhabi", *Architec-
tural Record*, July 1980.
Thompson, Benjamin, "Abu
Dhabi Inter-Continental Hotel",
*Mimar: Architecture in Devel-
opment*, No. 25, September
1987, pp. 40-45.

← 5 餐厅，可俯览大堂和上层酒吧
↑ 6 全貌
→ 7 面砖铺设与遮阳屏风的细部
　　处理

图3由S.罗森塔尔摄制，图2、图4、
图6、图7由G.墨菲摄制，图5由
J.汤普森摄制，图1由建筑师提供

69. 大清真寺

地点：科威特市，科威特
建筑师：M. 马基亚事务所
设计/建造年代：1976—1984

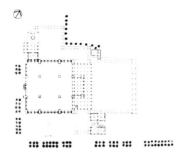

← 1 底层平面图
→ 2 从大街看清真寺

早在20世纪60年代初就已在酝酿建造科威特的国家清真寺，但直到1976年，政府才举办国际设计竞赛，邀请16家事务所参赛。最终马基亚事务所获选，于1977年签约，两年后动工，到1984年完工，造价超过5000万美元。设计要求有一处容纳7000名男信徒的祈祷厅，供200名女信徒用的祈祷廊，埃米尔专用的入口和接待厅，图书馆和会议中心，办公室，一座邦克楼和可泊700辆汽车的停车场。该寺原先称为"国家大清真寺"，后来去掉了"国家"字眼，业主规定必须表现出"阿拉伯–伊斯兰"风格。

清真寺的祈祷厅呈方形，各边长72米，四周有若干长方形庭院。女信徒廊在入口的上方，前有一门厅，亦作为日常祈祷之用。东北部的前庭，其尺寸与主祈祷厅相当。北面的一所房屋与东南角上的文化中心都设有沐浴设施。邦克楼靠近埃米尔专用部分。

整个建筑群的象征核心是中央的大穹隆和邦克楼。祈祷厅的立面由一系列同样的墙体单元组成，除了面向麦加的墙面之外，其余都有窗，穹隆顶的高度有43米，外表饰以白色面砖。厅内有四根巨柱，将内部空间一分为九。厅内的装饰简洁，广泛运用预制混凝土构件，使室内显得相当统一。然而，业主在室内布置了许

↑ 3 祈祷厅内景
← 4 庭院（背景为
　邦克楼）

图和照片由建筑师
提供

多传统的装饰和书法。

　　建筑尺度雄伟，空间宽敞，现代技术和新旧建筑要素相互交融，大清真寺已成为科威特的象征。◢

参考文献

Holod, Renata and Hasan-Uddin Khan, *The Mosque and the Modern World,* London: Thames & Hudson, 1997, pp. 81-84.

Al-Asad, Mohammad, *The Modern State Mosque in the Eastern Arab World*, Ph. D. thesis, Cambridge, MA: MIT, 1990.

70. 费萨尔国王基金会

> 地点：利雅得，沙特阿拉伯
> 建筑师：丹下健三；Urtec 事务所
> 设计／建造年代：1976—1984

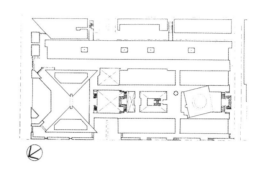

费萨尔国王基金会1976年成立那年即着手建造会馆，位置在利雅得的西北部，它是一处多用途的建筑群，取名"海尔拉一号"。1982年开始启用，至1984年才全部落成。当地经常表现的"沙特特性"，在这一处建筑群内，是属于一种超现代的渴望。

整个布局沿着四条平行线发展。北面是一幢五层楼的长方形公寓，供37户居住，地面层用作敞廊。在用地的西边有两座三角形塔楼，内含办公室、会议厅和基金会的其他设施。东、南两面的四幢楼内设商店、一所学校、一座图书馆、实验室和工作室等。一条交通路线将南部的建筑与中央绿化广场和清真寺相连。用地面积共26000平方米，建筑面积共有70000平方米，其中约20%属地面层。

建筑群的重点是具有雕塑特征的清真寺和邦

↑ 1 总平面图
↑ 2 中央广场

克楼。清真寺的基座呈方形，其主方向须面向麦加，因而与其他建筑的轴线并不一致。寺的祈祷殿建在方基座上，形状是一个圆锥体削去了一角，从地面层看形如新月。清真寺内部饰面采用青金石和彩色瓷砖。所有建筑物都采用钢和混凝土结构，外包大理石，铝框反光玻璃墙。

在用地的处理，建筑物的组合，以及基本形体如圆锥、塔形和立方体等的对比手法中，都足证建筑师的技艺娴熟。建筑运用了单一材料的简洁墙面，和具有强烈对比的垂直形体，使这一设计在城市景观中十分突出。◢

参考文献

"King Faisal Foundation head-quarters complex (project), Riyadh", *Japan Architect*, Vol. 54 No.7-8, July-August 1979, pp. 267-268.

← 3 基金会的双塔门
↑ 4 从北看模型全景，前景为公寓
↑ 5 从内部走道看清真寺

图和照片由阿卡汗文化基金会提供

71. 希伯来联盟学院

地点: 耶路撒冷
建筑师: M. 赛夫迪事务所
设计/建造年代: 1976—1989

↑ 1 斯宾诺莎珍本室

希伯来联盟学院坐落在耶路撒冷老城城墙外。校园内由五幢建筑组成: 图书馆, 经学和考古研究中心及附属博物馆, 可容纳300名学生上课的艺术中心, 教职工用房。一座可供240人居住的青年宿舍和接待中心也在校园内。犹太教堂已设计, 但没有建造。赛夫迪(1938年生)设计了一组紧凑低层建筑, 与作为室内延伸空间的庭院、花园、通道相连, 将不同的部分组织在一起形成了丰富的肌理。

学院要求供学生使用的设施与朝圣者、公众

↑ 2 宿舍立面——窗的细部

的设施要有所隔离。为了达到这一点，赛夫迪不仅在建筑上将它们区别开来，还把交通分作两层，下层是教学活动，上层为公众所用。总建筑面积为200000平方米。

设计充分利用耶路撒冷有利的温和气候，将一些室外空间应用到建筑群体之中。主入口设在校园西端，通过一座庭园进入校内，旁边是一座原有建筑和接待中心。通过图书馆旁可进入主要的礼仪庭院（25米×30米）中。从这座庭院有廊连接考古中心和博物馆。艺术中心前是花园，园中置有花坛、坐凳和狭窄流水，它也用作露天教室和露天会议区。屋顶设有一系列露台和花园。

结构采用钢筋混凝土，外墙面用黄色的耶路撒冷石灰石。覆有棚架的廊道将建筑相连，产生统一的尺度感。混凝土、玻璃、铝材与粗面的黄色石

↑ 3 全景
↑ 4 景观优美的露天教室

↑ 5 图书馆内景
↓ 6 剖面图

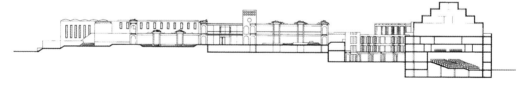

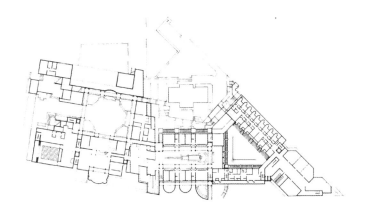

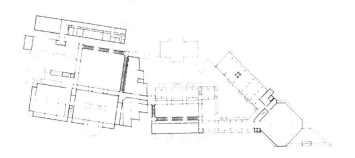

材相呼应。这一石材的应用符合城市的规定。建筑简洁、优雅，群体组合恰当，既与老城建筑相配，又具有自身独特品格。◢

参考文献
⋮

Moshe Safdie, "Building in Context", *Process Architecture*, No. 56, March 1985, pp. 61-65.
Murray, Irena Žanlovská（ed.）, *Moshe Safdie: Buildings and Projects, 1967-1992,* Montreal: Mc Gill Queens University Press, 1995, pp. 116-118.

↑ 7 下层平面图
↑ 8 上层平面图
← 9 上层走道

图和照片由建筑师提供，照片由 M. R. 赛夫迪摄制

72. 国家商业银行

地点：吉达，沙特阿拉伯
建筑师：SOM 事务所
设计/建造年代：1977—1983

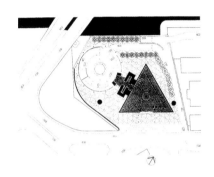

← 1 银行主营业厅和圆形车库的底层平面图

　　摩天楼，在今天的中东已是司空见惯，被认为是现代化和企业实力的象征；它们的设计往往是照搬西方的一套做法，全然不考虑地点和气候。SOM事务所设计的国家商业银行是一个显著而又创新的例外。设计开始于1977年，施工合同于1979年签订。由于用地手续上的问题，经过一年的延迟，最终压缩了用地面积，迫使塔楼在基础工程已经动工之后，还须重新设计。

1983年11月竣工，翌年初交付使用。

　　三角形整体板式的大楼高122米，在城市环境中显得很突出。这是一处内向的建筑，适应于严酷干热的气候，并与阿拉伯建筑先例相符。它避免形式上的模仿，以其体量和抽象性创造出一种场所感。在大楼的每一外立面上各有七层或九层高的硕大的开口，可窥见隐蔽的中庭。蓝灰色的吸热窗墙和绿化庭园，使得内部依

靠外部得以体现。朴实无华的外墙石材，只有拿它与四周低矮的建筑物相比较方能体现其尺度感。

　　三角形塔楼共27层，面积约57400平方米，它和与之相连的有500个车位的六层圆形车库一起布置在1.2公顷的广场上。金库与保安设施还设在地下。房间都有遮阴设备，使得内部墙面的热量吸收保持在最低水平，同时热空气可从宽阔的开口处发散。这样能降低制冷

↑ 2 从海面看全景，左为停车库

负荷。

塔楼为钢结构，净跨约15米。底层是壮观的银行大厅，高13.5米，中有隔层。每一办公层呈"V"字形，含有三组内部空间，形成一个三角形竖井，从底层的天窗顶棚直升到塔楼屋顶。大理石楼板搁置在蜂窝式钢台上，其图案为绿白相间三角形组合，与顶棚的图案相呼应。小办公室多半沿着厚重的外墙布置，面向绿化内庭。与此相反，顶层的高级人员办公用房周围均设窗，可眺望城市和红海。

建筑师采取的原则和态度带给人们一种诗意的设计符号，显示出一种与高层建筑通常的高科技手法明显远离的设计效果。这座大楼是该地区具有节能意识并达到恰当文化品质的高层建筑设计的新范例，它已成为20世纪后期重要的建筑。

↑ 3 中庭俯瞰
↓ 4 塔楼剖面图

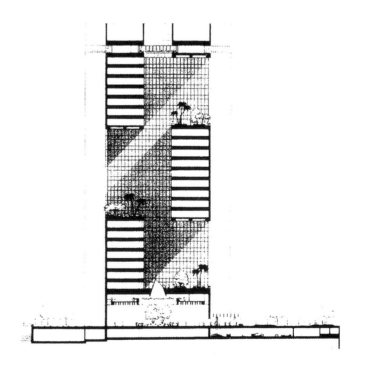

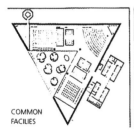

COMMON
FACILIES

MEZZANINE

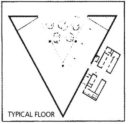

TYPICAL FLOOR

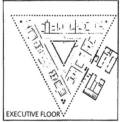

EXECUTIVE FLOOR

参考文献

:

Khan, Hasan-Uddin, "National Commercial Bank, Jeddah", *Mimar: Architecture in Development*, No. 16, April–June 1985, pp. 36–41.

← 5 营业大厅
↑ 6 标准办公楼层会客区
↑ 7 楼层平面图

照片由 P. 马雷查克斯摄制，阿卡汗文化基金会提供；图由建筑师提供

73. 阿塔拉医院

地点：萨那，也门
建筑师：海因勒；维舍事务所
设计/建造年代：1977—1985

↑ 1 以城市为背景的全貌
↑ 2 周边的砖建筑

图和照片由建筑师和 U. 库特曼提供

1977年，建筑师对1968年开始启用的阿塔拉医院进行了扩建的可行性研究。1981年动工，四年后竣工。医院建在也门萨那的古城边缘。扩建部分为一座四层楼房，垂直于原有的三层建筑；另有两层砖房与之围合成一个大庭院。

医院有一个门诊部。还包括有手术、妇科、牙科、精神病科和小儿科等部门。总面积26800平方米，共设440张床位，规划时还考虑了今后的发展。

新建部分为钢筋混凝土结构，填充墙板。配备有应急发电机组以保证正常用电。屋顶上设有太阳能板，以供应热水。只有少数房间用空调。

在也门，优良的20世纪建筑并不多。这一医院十分简洁，尺度适宜，代表着萨那古城的建筑，而且也是一座经济节能的建筑。

参考文献

Heinle, Wischer and Partners, Company Brochure, Stuttgart, 1986.

↑ 3 庭院和病房

74. 加迪尔清真寺

地点：德黑兰，伊朗
建筑师：J. 马兹伦
设计/建造年代：1977—1987

用地狭长（15.2米×55米），然而能恰好布置下祈祷堂、教室、图书馆和办公室。由地方上的捐助者们在1977年遴选J. 马兹伦为建筑师。部分建筑是先建先用，直至1987年全部竣工。

用地条件苛刻，而业主希望将清真寺建得醒目突出，建筑师因此决定将主祈祷堂设在南部沿大街处，而社会性设施建在北部，方便从居住区出入。有三点决定了该建筑的品质：什叶派思想的哲学和象征性，对上苍的尊敬以及面对麦加的朝圣墙。祈祷堂是最高的建筑，宽有

15.2米，能容纳80人做礼拜，它反映出什叶派12位伊玛目。祈祷者从大门步入祈祷堂，内部空间逐渐展开。祈祷堂的上方层叠而起的穹隆，形成垂直向上的空间，强调着与上苍的关联。这一形体逐渐由十二边形转为八边形，然后由四边形转为较小的四边形，这是伊斯兰建筑中常见的由方转化为圆的手法。

结构为钢和混凝土，清真寺的结构和形式是不可分割的。主要材料用砖，内外都是清水砖墙。面砖、花岗石、玻璃和钢铁等材料镶嵌于砖墙上，

形成图案。建筑物的内外墙面多处置有铭文，有的单独成碑，有的是重复的图案；铭文为《古兰经》经文，用库法字体书写。著名的伊斯兰建筑史家A. 格拉巴说：在这里，铭文都是在各时期的抬贴、标语牌和革命性刻印文字等的视觉文化中得到表达。由于建筑位于繁忙的路边，窗洞很少，仅在屋顶有狭孔供光线自上透下。人工照明是仿照天然采光设计的。

砖墙面做工考究，成为该建筑的标识；现代清真寺建筑中常有的穹隆顶问题在这里得到完美的解

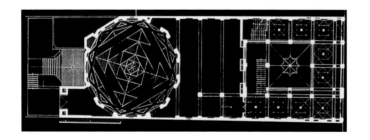

决；在有限的用地上巧妙地布置，这些均使加迪尔成为近代清真寺设计配合城市环境最饶有趣味的实例之一。◢

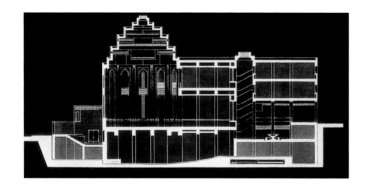

参考文献

Holod, Renata and Hasan-Uddin Khan, *The Mosque and the Modern World*, London: Thames & Hudson, 1997, pp. 209–213.
Falamaki, M., "al-Ghadir Mosque, Tehran", *Mimar: Architecture in Development*, No. 29, 1988, pp. 24–29.

↑ 2 主祈祷厅平面图
↑ 3 剖面图
← 4 祈祷厅内景

图由建筑师提供；照片由 K. 艾德尔摄制，*Mimar* 杂志社提供

75. 耶尔穆克大学

|| 地点：安曼，约旦
|| 建筑师：丹下健三事务所与 J. 图坎事务所
|| 设计/建造年代：1977—1989

约旦科技大学，又称为耶尔穆克大学，位于安曼以北60公里处。1977年至1979年，丹下健三做了总体规划，1980年进行了建筑设计。一年后开始施工，大体上在1989年完成。

校园占地1200公顷；大学的规模为20000名学生、1000名教师以及600名技术人员和职员。建筑师安排了一条东西向的轴线，中央开敞城市通道，将大学与城市连接，任公众游憩。通道两旁设有剧院、会议厅、博物馆、学生中心、清真寺、旅馆和其他公共设施。第二条轴

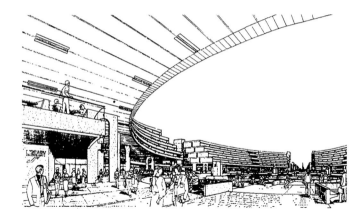

↑ 1 讲坛（透视图）
↑ 2 医学系及其庭院（透视图）

↑ 3 工程系
← 4 模型

线,"学术通道",比前者大并与之垂直,贯穿校园中心。沿着它布置有理科、文科、农科、兽医、工程、医科等院系,还有校医院。各系建筑都由围合于方形绿化庭院的建筑组成,这些建筑与通道成45度角。两大轴线的交会处有一圆形中心广场,周

围设行政楼、中心图书馆和计算中心。体育设施在校园的南端。

　　建筑的结构和基础都是采用标准化的预制滑模和现浇钢筋混凝土。立面采用预制混凝土外墙板。每座建筑是以72米×101.8米的格网设计的。建筑采用现代派的单色调，具有强烈的几何构图，整体上有一种秩序感和内聚力。

参考文献

"Jordan: Yarmouk University Irbid", *Mimar: Architecture in Development*, No.42, March 1992, pp. 56-57.

"Kenzo Tanges", *40 ans d'urbanisme et d'Architecture* (exhibition catalogue), Tokyo: Process Architecture Publishing, 1987, pp. 124-127.

↑ 5 医学系
← 6 工程系馆内部连接通道
↓ 7 通向医学系的入口细部

图和照片由阿卡汗文化基金会提供

76. 东塔皮奥特集合住宅

地点: 耶路撒冷
建筑师: Y. 雷希特, A. 雷希特
设计/建造年代: 1978—1982

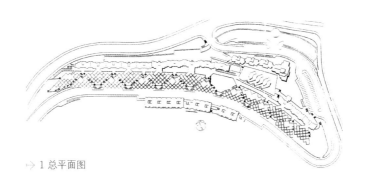

→ 1 总平面图

↑ 2 全貌
↑ 3 南立面

东塔皮奥特住宅区建在耶路撒冷东南部一片新开发区, 可俯瞰犹第荒山, 共有400套公寓, 首期200套于1982年落成。

这一高密度住宅区采用中东山区聚落的形式和格调, 其特点是设有遮阴区, 最大限度利用景观, 以保证居住单元的私密性及整体的统一性。中央有一条南北向的带踏步和坡道的步行路联系着上下通道, 并把人车交通分隔开。石料饰面的联排住

↑ 4 一组住宅的入口

宅为二室户至四室户的公
寓，每套有自己的露台。
区内唯一的公共建筑是一
所瓦屋面的小型幼儿园。
在这一有着许多新建筑的
地区内，这一建筑群体的
布局也显得很是突出。▰

← 5 楼梯和住宅细部
↑ 6 标准住宅单元平面图
→ 7 标准住宅单元平面图
⇩ 8 剖面图

图和照片由建筑师提供，照片由
K.奥尔摄制

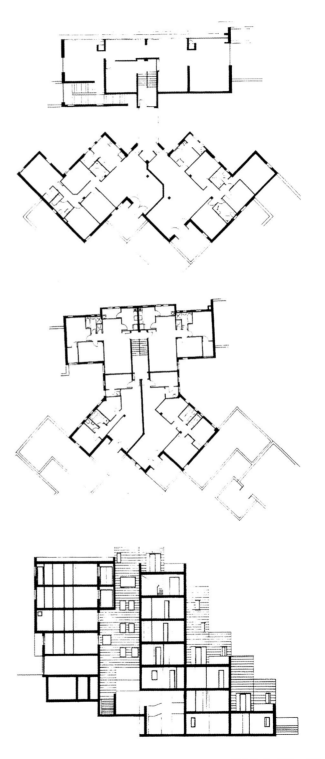

第 **5** 卷

中、近东

1980—1999

77. 外交部

地点：利雅得，沙特阿拉伯
建筑师：H. 拉森
设计／建造年代：1980—1984

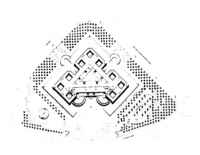

↑ 1 总平面图
← 2 中庭内景

1979年6月，国际建筑师协会（UIA）为修建沙特阿拉伯外交部大楼举办了一次国际邀请性设计竞赛，仅11位建筑师被邀。评审委员会选中了丹麦建筑师拉森的方案；1982年动工，至1984年9月落成。拉森的设计紧密联系着这一地区的历史和建筑文脉，却又是以扎实的现代"语言"加以表达。

用地位于利雅得南部，占纳米扎儿亚区的一整片街区。建筑师运用庭

↑ 3 入口外观
→ 4 楼层平面图

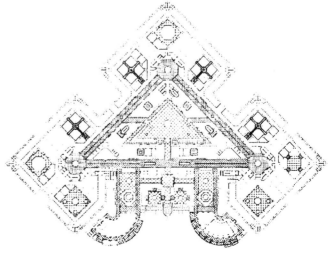

院作为建筑整体的组织要素，他认为庭院对伊斯兰建筑是不可或缺的特点。另一重要的建筑表现是空白墙面的运用和从公共到私密领域不同层次的空间过渡——如从完全是公共的大门到中庭，从街道到相对属内部区域的庭院和办公室。平面呈方形，但有一部分从方形移开，以表现仪式入口。大楼有三四层高，建在用作车库和服务设施的裙房上，形似堡垒。为安全起见，大楼与近邻以道路、停车场和绿地相隔。

　　建筑有三个大门。主大门在西侧，从大门进入通向三个入口。中间入口只在商讨国家大事时开放，日常使用另两个入口，东入口为外交事务用，北面的是服务入口。气势庄严的主入口立面前有一对楼梯引入，两旁各有庞大的圆塔，内设对外开放的宴会厅和图书馆。从入口进去是一条拱廊，

← 5 全貌
← 6 立面
← 7 周边走道
↑ 8 楼梯

直通至四层高的中庭大堂。这一空间通过边缘的带形窗采光，夜晚用吊灯照明，吊灯式样使人缅怀起传统马穆鲁克和奥斯曼的清真寺灯具。邻近中庭与平行于各边均设有内部通道，通道各端有带穹顶的八角厅，它们形成三个方形办公楼的中央节点。

每一楼均有部长公寓，同时又各有内庭：有中央的十字轴园、喷泉园、水池园，类型不一。

结构用预制钢梁和柱，柱网7.2米×5.8米，钢筋混凝土基础。空心墙墙面外贴褐石，内墙面用白色的石膏板。庭院墙面涂成蓝色、紫色和赭石色，顶棚多为近白色粉刷。铺在钢衬板上的混凝土楼板在公共部分上铺绿、白色大理石，办公室内铺地毯。空调和保安系统由计算机控制。

W. 柯蒂斯在他所著的《1900年以来的现代建筑》中写道："拉森的外交部大楼是一折中作品，

从多种源泉取材融合，有的可以识别，有的不为人知。……在对于各种取材的处理（有时过于戏剧化）上，还可以看到他对伊斯兰建筑的空间层次和视觉的不明确性加以重新诠释，而且颇具创造性。"这一建筑获1989年阿卡汗建筑奖。在建筑空间的塑造方面，拉森继承了路易斯·康对原生的文化表现的探索，并发展到这一恒久的岩石般的建筑中，找寻到介于沙特阿拉伯的传统和现代国际趋势之间的一种综合。◢

↑ 9 内部庭院
↓ 10 剖面图

图由建筑师提供；照片由 P. 马雷查克斯摄制，阿卡汗文化基金会提供

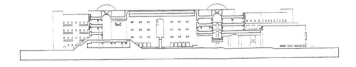

参考文献

Nyborg, Anders, *Henning Larsen: Ud Af Det Bla*, Copenhagen: Anders Nyborg Privattryk, 1986.
Al-Radi, Selma, "Ministry of Foreign Affairs", in Steele, James (ed.), *Architecture for Islamic Societies Today*, London: Academy Editions, 1994, pp. 116-125.
"Ministry of Foreign Affairs, Riyadh", *Architectural Review*, Nov. 1989, pp.96-98.

78. 阿比·努瓦斯住宅开发

地点: 巴格达, 伊拉克
建筑师: 普拉纳、斯科鲁普与耶斯佩森事务所; A. 阿尔－拉迪, N. O. 艾哈迈德, P. 莫克
设计 / 建造年代: 1980—1984

←1 总平面图

巴格达市政府委托建筑师们为城市中心区沿底格里斯河的一块用地做概念性规划, 用地长3公里, 宽仅40米。考虑到用户喜欢别墅式, 但地段位于市中心, 密度太低并不适宜; 一般的高层建筑又多从西方很差的设计抄袭而来, 与当地生活方式又不符, 所以甲方要求建低层, 中、高密度的城市住宅。规划中的新建筑为条状, 还保留了一些用地内具有建筑、历史价值的建筑。

全部布置联排住宅278个单元, 每一个单元有二室户或三室户, 各有前庭、后院、停车位和屋顶露台。每户的私密性严加保持, 单元的入口亦各分隔而不共用, 缓解了伊拉克共同住房中常有的社会问题。

伊拉克夏季的酷热是设计中考虑的主要问题。大部分单元都是南北向, 目的是减轻东西墙面的日晒。除了内阳台、露台和结构墙, 还设有外砖墙层、双层玻璃窗以保护不受太阳的照射和眩光影响。采用当地产的浅色黄砖, 亦减弱一些热量吸收。屋顶女儿墙高3米, 为屋面遮阴, 以降低蓄热, 同时方便不设太阳能板的住户在屋顶睡觉——这是伊拉克人的生活习惯。

在狭长用地的中央设置了两座公园, 内有喷泉、绿荫和游戏场地。建筑室内装修包括墙面粉刷、喷涂, 部分硬木装修、地砖

铺设，以及厨房、浴室全
套设施的安装。

虽然受到用地形状
的限制，难以创造出一个
更完整的都市综合开发项
目，例如建筑师试图在广
场的周围一群差不多的建
筑间设计一个引人注目的
有个性的城市形象。这一
项目为城市居住区确立了
确切的乡土语言。立面上
的尖拱和长窗表达了一种
节奏的统一。

参考文献

"Abu Nuwas Development",
Process Architecture, No. 58,
May 1985, pp. 59-72, 148.
"Abu Nawas Development
Project", *The Aga Khan Award
for Architecture*, 1989 Award
Cycle, No. 0801. IRQ.

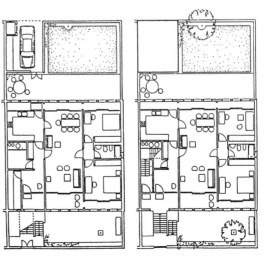

← 2 从街道看住宅外观
↑ 3 沿河的建筑外观
→ 4 住宅的底层和楼层平面图

图和照片由 A. 阿尔－拉迪提供

79. 卡塔尔大学

地点: 多哈，卡塔尔
建筑师: K. 卡夫拉维
设计/建造年代: 1980—1985（第一期）

← 1 总平面图

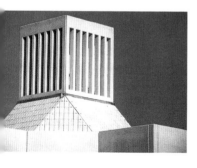

↑ 2 构成模块平面基础的标准通风
（采光）塔
↑ 3 图书馆塔楼中一扇彩色玻璃窗

　　1973年，卡塔尔政府在联合国教科文组织的参与下，制订了建立一所大学的计划，并在1974年举办了一次设计竞赛。埃及建筑师担任了此综合体的设计，伦敦的奥雅纳公司负责工程和现场工作。大学位于卡塔尔首都多哈以北约10公里的一片荒瘠的土地上。

　　总体规划有一条环路，环内布置了所有学术类建筑，环外有体育和辅助设施。建筑多为低层预制混凝土结构，根据两种形式组合：一种是8.4米宽的八边体，另一种是3.5米边长的正方形。八边体各自相连，空隙处缀以正方形，组成模块网格。每一八边体模块教室两侧有两块区域，可做入口，或作为房间之间的过渡空间，或做聚会场所。八边体上设置迎风塔筒，也是天然采光源。为调节严酷气候的温度，还设置了格扇和彩绘玻璃屏。露天或部分露天的庭院，中间

320

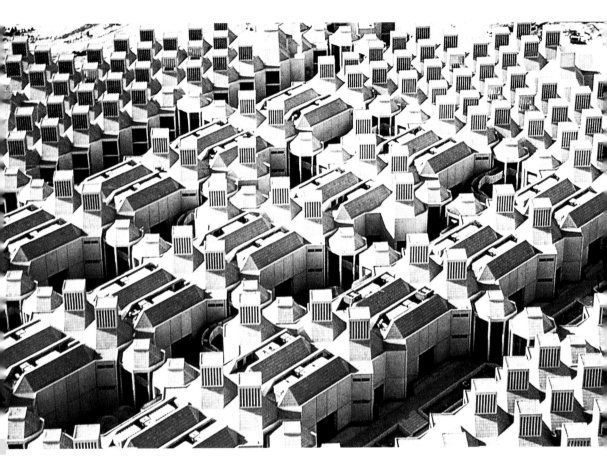

↑ 4 1985年竣工时鸟瞰

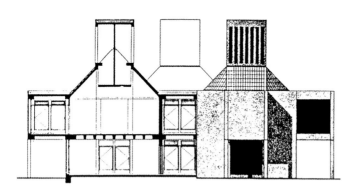

↑ 5 图书馆采光塔细部

↑ 6 人文系馆局部剖立面图

↳ 7 典型庭院

种有植物，多数还设有喷泉，分布在校园各处，成为小的沙漠绿洲。历史学家 B. 泰勒写道："这些内向的庭院……盛栽草木，与房屋交织互补。令人愉快的环境促进了文化和社会紧密结合的气氛，为日常一般的活动和交往提供了宜人的场所。"

校园的规划精细，设计走在时代前列，有着一

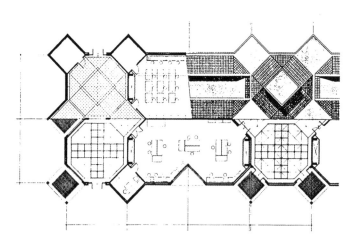

↑ 8 内部交通联系厅
↑ 9 科学和工程系馆的底层、上层和屋顶平面图

图和照片由建筑师提供

切现代设施，但处处体现出受传统的熏陶，而未见到盲目抄袭过去的痕迹。整个校园设计统一，施工既快又省。内部功能合理，使用方便，是这类建筑的楷模。◢

参考文献

Taylor, Brian B., "University, Qatar", *Mimar: Architecture in Development*, No.16, April–June 1984, pp. 20-27.

80. 伊拉克中央银行

地点: 巴格达，伊拉克
建筑师: 迪辛与威特林事务所
设计 / 建造年代: 1981—1985

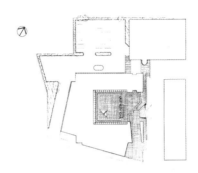

← 1 平台层平面图（包括入口、银行大厅和办公室）。上方是老楼，停车场在右侧
↓ 2 街面入口，高大的裂口通向有盖的入口平台
↓ 3 40 米高的大厅，包括通风与采光塔

新建的中央银行位于巴格达最集中的商业区内，与一座现有的银行大楼毗邻，离底格里斯河不远。

由于严酷的气候条件和城市的喧闹，建筑师设计了一座简直是无窗的密闭型的立方体建筑。楼高11层，总面积有21000平方米，中心是玻璃围合的中庭，用作银行营业大厅。大楼气势雄伟，矗立于四周建筑之上。混凝土塔楼的外墙面覆盖着白色大理石，能反射阳光，降低热量吸收。

银行主入口位于建筑东部抬高的基座上，由台阶拾级可上。20米高的入口立面有一座玻璃天桥与银行老楼相接，内部玻璃安全墙将接待区与立方体的营业大厅分隔开。中庭之上覆以玻璃的空间网架，上设铝制百叶以遮蔽阳光。中庭四周的轻质幕墙由双层玻璃和阳极处理的铝材组成。办公区沐浴在中央空间透射的日光之

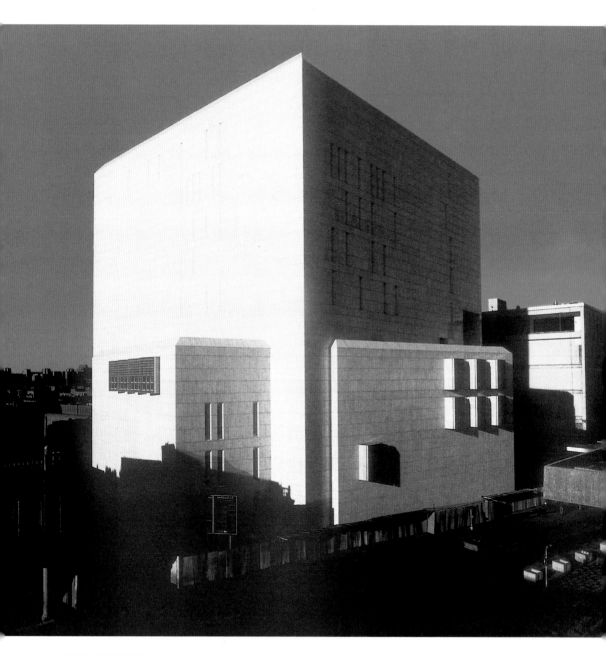

↑ 4 几乎无窗的建筑外观

中。会议室、库房、楼
梯、电梯、厕所以及辅助
房间均沿楼层的四周布
置。行长办公室、礼仪用
房则设在顶层的北部，可
俯瞰河景。

↑ 5 通向老楼的玻璃桥
← 6 大厅与中庭剖面图

图和照片由建筑师提供

参考文献

Jensen, Poul Ove, "The Cen-
tral Bank of Iraq", *Arkitektur
DK*, Vol. 30 No.8, Dec.1986, pp.
376-383.
"Dissing+Weiting", *Architecture
and Urbanism*, No. 6 (201), June
1987, pp. 73-100.

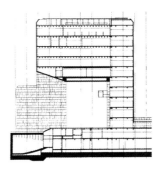

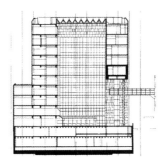

81. 法兰西文化中心

地点: 大马士革, 叙利亚
建筑师: J. 乌布雷里, K. 卡拉乌卡杨, 等等
设计 / 建造年代: 1981—1986

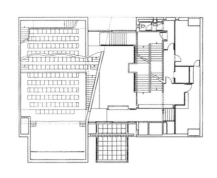

↑ 1 四层平面图
← 2 中庭入口, 远景为展
览区

法兰西文化中心坐落在这座中古时期防御城的北面, 挤在两幢五层小楼之间。南向的正立面对着一条狭窄的街道, 北立面前是一个小广场。建筑的形状和平面是这一用地和环境限制的产物。楼高七层, 中间有一个三层高的中庭。

业主的要求是要在这仅仅2200平方米的建筑中容纳各种活动场所。地面层是接待和展示的场所; 另有两层是图书馆。200

↑ 3 北面外观

↑ 4 从街上看展览区
↑ 5 电影院内景
↗ 6 南面外观

座的电影院设在二层，介于庭院和西墙之间，可以与其他部分隔离，在闭馆时间内也可以单独使用。立面上可看到有一座天桥连接图书馆、电影院和楼梯间。从楼梯可俯视中央庭院。上部各层设有活动室、会议室、办公室与教室。

结构采用现浇钢筋混凝土承重墙和空心砖填充楼板。南墙用当地石材贴面，北墙为白水泥。底层室内地面用的是陶土地砖和当地产的黑色石板，电影院和图书馆均铺设地毯。外表的处理反映着内部的空间。南立面上有一片三层高的网格式玻璃墙面，开有窗洞孔同时可看到会堂与屋顶挑出的曲线。立面的比例推敲精心，使这座建筑产生一种优雅的风格。

屋顶露台做成台阶式，可用作露天剧场，在此可眺望大马士革的胜景，这是从地面层入口

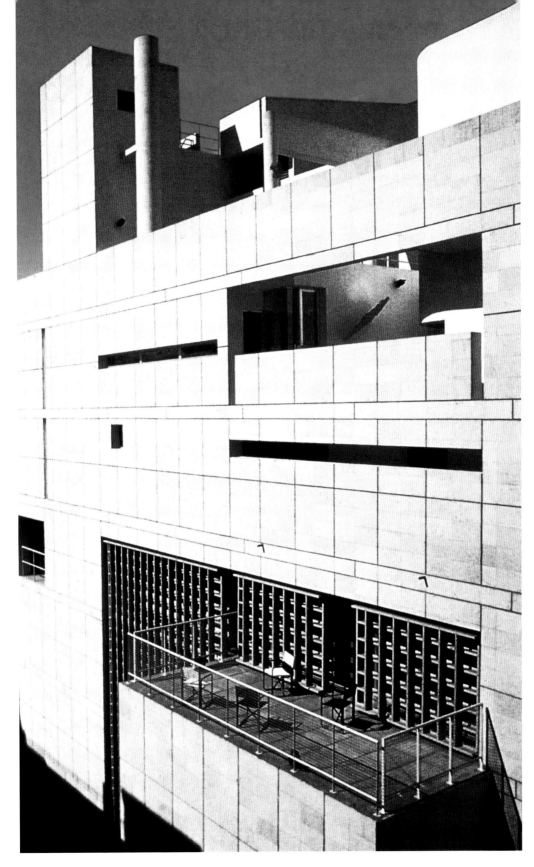

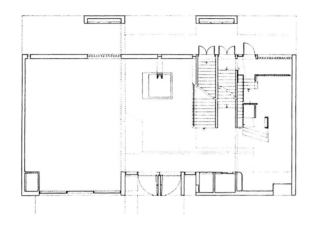

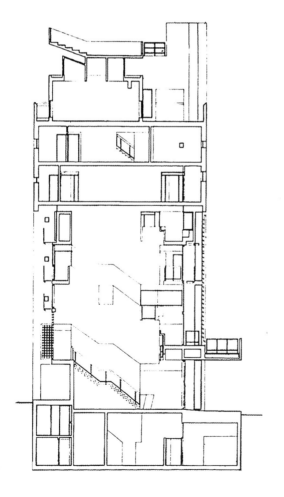

开始步步行进的一个高潮。文化中心每天有3000人前来参与活动。尽管规模不大，却是市内的重要场所。

评论家K.弗兰姆普敦在《参数》（*Parameto*）内写道："乌布雷里有能力运用并扩展柯布西耶的基本设计法则，其中包括：优先考虑棱柱体形式，用分类系统建立不同元素间的清晰层次，应用比例控制法（模数制）以及对形体和文化的适度分寸的敏锐感觉。"

参考文献

"French Cultural Centre, Damascus", *Mimar: Architecture in Development*, No.27, Mar. 1988, pp. 12-20.
Frampton, Kenneth, Centre in Damascus, *Parametro*, No.134, 1987.

↑ 7 入口层平面图
← 8 内庭剖面图

图和照片由 J. 奥布雷赖提供

82. 金迪广场

地点：利雅得，沙特阿拉伯
建筑师：BEEAH 集团顾问事务所；A. 舒艾比（主持人），A. R. 侯赛尼
设计/建造年代：1981—1986

1977年，沙特阿拉伯政府决定在利雅得西北郊建立一个新的外交区。这个项目包含有一座周五清真寺、一个办公综合体，以及围绕广场布置的娱乐、商业和停车设施。总用地为16000平方米，总建筑面积约为此数的两倍。所有建筑都设计成适于干热气候、追随奈季迪地区的建筑式样，但采用现代技术加以建造。广场周围的每幢建筑又各围一个内院。整个建筑群有两个地下通道与周围街道相连，将交通和行人引入设有车库的广场下层。

带有双塔的清真寺占

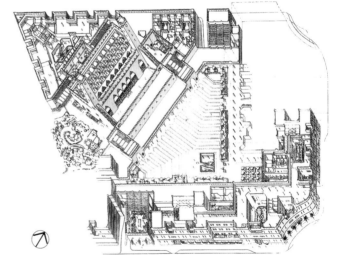

↑ 1 总平面图
← 2 政府服务楼中庭

↑ 3 从大街看政府服务楼

据三角形广场的一边，成为广场的主体建筑。清真寺可容纳7000人，为邻近的社区服务。广场的另一边为带有柱廊的商店、饭店和其他公共设施。第三边为政府各部门所用，大楼内有中庭，上盖金属空间网架。广场地面铺以大理石，沿边零星有植物点缀。由于缺少遮阴，白天使用受到限制，不过广场中心允许设置临时市场。

结构为钢筋混凝土，其中填以空心混凝土块。外墙处理采用金属网上喷浆，从而具有传统泥浆的色彩和质感，如同传统的土坯屋。地面铺设进口大理石板。尽管全部采用机械空调，但自然通风效果极佳。基础设施和服务管线设在连通全部基地范围

↑ 4 广场全貌
↓ 5 内部庭院
↓ 6 剖面图

的地下管沟内。

　　这一建筑认真地将传统和当代的建筑形式加以综合，同时对这一地区和城市建筑产生影响的奈季迪式建筑也率先做出了诠释，1989年获得阿卡汗建筑奖。

参考文献
......

"Al Kindi Plaza", in Steele, James (ed.), *Architecture for Islamic Societies Today*, London: Academy Editions, 1994, pp. 94-103.

Khan, Hasan-Uddin, *Contemporary Asian Architects*, Cologne: Taschen, 1995, pp. 76-81.

Abdelhalim, Abelhalim I., "Diplomatic Quarter Central Area,

Block 3 Centre" (unpublished), Geneva: Aga Khan Award Archives, June 1989.

↑ 7 清真寺入口

图和照片由 A. 舒艾比及 BEEAH 事务所提供

83. 螺旋公寓

地点：拉马特甘，以色列
建筑师：Z. 黑克尔事务所
设计/建造年代：1981—1989

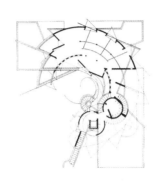

这一螺旋形公寓楼坐落在特拉维夫以北5公里的一处缓坡上，是城市开发中的一个新阶段。建筑高八层，每层一套公寓。上一层每套公寓比下一层的转向22度，目的是使每套有一个开敞平台，而下一层有一条走廊。评论家P.库克写道："这一建筑远非有意识的造型；它反映了对气候条件的特别关注，创造了一种公寓的群体，每一户均有独立个性，各自都有一种不同的归属感……"

搬弄几何形体的传统来自海法的特赫尼翁，自从20世纪50年代起，那里的设计师们就喜爱使用相互交错的六边形、八边形和转盘形体。黑克尔富于想象力的几何形体设计在这一建筑中达到了顶峰，他还参与了建造。这一作品是形体要素和材料相互交错的产物。例如，明亮的条纹金属板突出着宽广的踏步，而锯齿状品红石料铺上了垂直面块。建筑

↑ 1 四层及七层平面图
↑ 2 细部

师在1994年描述这一建筑时称它是"一件不全面精确的作品，是不可能被充分理解的。它一下子用太多语言进行叙述。螺旋公寓是一座雏形的巴比伦通天塔"。尽管如此，在这一建筑中有着一种组织和纪律规范着它的设计。对黑克尔来说，建筑是多种文化和类型的综合，从阿拉伯村落文化、意大利巴洛克文化，直到超现代的解构主义。螺旋公寓代表着一种自由的形象，与以色列大多数理性主义建筑形成强烈的反差。

↑ 4 从阳台看外观
← 5 屋顶平面图
↓ 6 庭院剖面图

图和照片由建筑师
提供

参考文献

Cook, Peter, "Spiral Hecker", *Architectural Review*, Vol. 188 No. 1124, Oct.1990, pp. 54-58.
Doberti, Roberto, "Zvi Hecker, la geometria manifiesta", *Summarios*, No.30 (Argentina), April 1979, pp. 473-508.
Zvi Hecker, Works, *A+U architecture+urbanism*, No.8 (263), Aug. 1992, pp. 22-39.

84. 国家博物馆

地点: 麦纳麦, 巴林
建筑师: 克龙、哈廷与拉斯穆森事务所（KHRAS）；K. 霍尔舍，S. 阿克塞尔松，等等
设计 / 建造年代: 1982—1989

← 1 总平面图
→ 2 坐落于填海地上的博物馆（图中显示出四个展廊中的三个）

巴林政府在1982年决定在首都建立一座新博物馆。1982年至1984年进行了设计，随即开始施工，1988年竣工至翌年年底开始启用。用地面积12公顷，底层建筑面积15000平方米，楼层建筑面积为22400平方米，耗资约3500万美元。博物馆建在阿拉伯湾的填海地上，临近一条主干公路。

首先进入参观者眼帘的是一条柱廊，廊下设铝制格屏，按马胡拉克岛上古宫的式样设计，格屏柱廊为从宽广的广场进入的道路遮阴。柱廊还起着联系博物馆与国家图书馆、城市中心（尚未建成）和其他设施的作用。沿着博物馆的南翼，有一个水池，水从各庭院的喷泉流入，晶莹清凉。

主入口和门厅上部采用不等高的混凝土半圆拱顶。从门厅进入，通向中央主路，门厅和主路都沐浴于带花纹的光影之中，花纹随着太阳的移动而变化着。总体效果是一个系列空间，其中不同的高度、不同的光线强度给人们以一种生气勃勃的感受。所有的公共设施，包括展廊、临时展场、食堂以及教育、研究部门，都设在主要道路两侧。从主要道路转负45度角，是四幢二层立方体展廊，展出自然历史、考古、民族和艺术等内容。展廊石墙面上不开窗，展览区全用人工照明。为保护展品，建筑群内全部采用空调，也

为参观者和工作人员创造凉爽的环境。

建造的规模和要求的速度决定了结构造型。构架用钢结构，楼板为现浇混凝土，在交通部分上铺大理石，展示部分采用榉木。内装修主要用玻璃纤维增强材料。由于当地空气中盐分含量较高，外表面混凝土不露面，用60厘米×120厘米石板贴面。

这一建筑内向的几何空间形式源自伊斯兰建筑，又为这一地区引入了较为新的建筑类型。据建筑师K.霍尔舍自己说："问题基本上是划清西方和东方传统交会的范围。"他避免任何大杂烩式的或者折中的形式。这一设计的成功之处在于创造一个当代形象的同时，能与地区的乡土性有着共鸣。

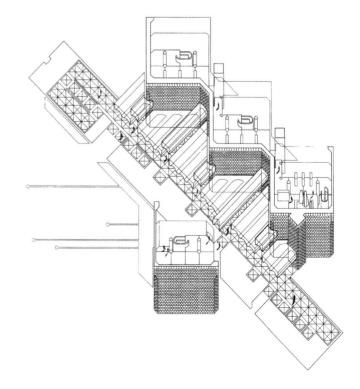

3 休息厅与拱形金属顶棚
4 四个主要展室中的一个，地面与顶棚均为木质
5 前厅与四个展室的轴测图

↑ 6 外观
↓ 7 临湖景观
↓ 8 剖面图

图由建筑师提供；照片由 C. 埃姆登
摄制，阿卡汗文化基金会提供

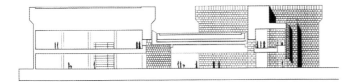

参考文献

"Akademiske medaljer",
Arkitekten, Vol. 95 No. 10, July
1993, p. 375.
Blair, David, "Bahrain Boxes",
Architectural Review, Vol. 187
No. 1120, June 1990, pp. 87-91.
Holscher, Knud, "The National
Museum of Bahrain", *Mimar:
Architecture in Development*,
No. 35, June 1990, pp. 24-29.
"The National Museum of
Bahrain", *Living Architecture*,
No. 8, 1990, pp. 120-129.
"Nationalmuseum i Bahrain",
Arkitektur DK, Vol. 33 No. 3,
1989, pp. 105-123.
"Nationalmuseum i Bahrain",
Arkitekten, Vol. 86 No. 17, Sep-
tember 1984, pp. 350-359.

85. 德米尔假日村

地点：博德鲁姆，土耳其
建筑师：T. 坎塞浮，E. 厄云，M. 厄云，F. 坎塞浮
设计 / 建造年代：1983—1987（第一期）

← 1 第一期工程总平面局部图

建筑师本人也是这一获奖项目的开发者。1971年他与合伙人 T. 阿克库拉（Turgul Akcura）在博德鲁姆旅游城之北9公里处购买了这块50公顷的土地。1983年启动，1985年开始入住。这一片林木茂盛的优美用地从周围的国家森林公园延伸至海边。计划的主要目标之一是要保护自然环境与用地的宜人条件。设计经过细心、徐缓的推敲，在用地上布置了35幢别墅，其中12幢为一层或二层房屋。每幢别墅都专为某一富有的主顾家庭"量身"设计，家庭与建筑师共同研究在2.7公顷用地上的具体布置。连接各幢房屋的有步行便道和花园平台。海岸线不能为建筑占用，树木不能砍伐，车辆通往用地受到限制和管理，这些都是必须遵循的原则，这样才能保持自然之感。房屋采用木材、石料和不加饰面的混凝土，每幢统一使用同一类的设计语汇。设

↑ 2 围绕景观空间布置的别墅
↑ 3 设有传统壁炉的标准型起居室

计还要求一堵砖石墙应该
由一名圬工砌筑。混凝土
圈梁、柱础均与楼板梁相
连接。门窗框用混凝土浇
制，楼层楼板和屋顶为木
构造。外墙是清水砖，内
墙粉刷，底层地面铺以大
理石。

　　1992 年阿卡汗建筑
奖对其的评审评语为：
"建筑师对地方建筑的传
统形式加以重新设计以取
得新老材料之间和谐统
一。别墅富有变化而又有
统一感，并与环境绿化紧
密结合。"

← 4 标准二层别墅
↑ 5 观望大海的别墅
↓ 6 面积在 100 平方米以上的双卧
　　室别墅的底层与一层平面图

图由建筑师提供；照片由 C. 埃姆登
摄制，阿卡汗文化基金会提供

参考文献

Davey, Peter, "Demir Holiday
Village, Bodrum, Turkey", *Ar-
chitectural Review*, Vol. 191,
October 1992, pp. 50-65.
Khan, Hasan-Uddin, *Con-
temporary Asian Architects*,
Cologne: Benedikt Taschen
Verlag, 1995, pp. 82-85.
Steele, James(ed.), *Architecture
for a Changing World*, London:
Academy Editions, 1992, pp.
164-179.

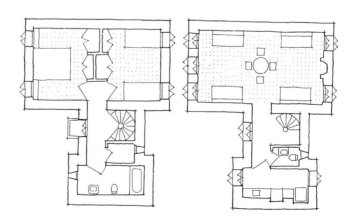

86. 霍梅尼大学工程系

地点: 加兹温，伊朗
建筑师: 巴旺德事务所
设计/建造年代: 1984—1990

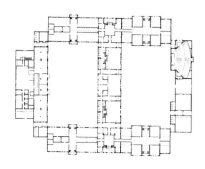

← 1 底层平面图
↓ 2 入口区内景
→ 3 主入口外观

工程系馆布置在两个庭院周围，根据该地区的建筑进行设计。庭院为四周的房间提供通风和采光，在天气温和时又做室外活动用。结构用混凝土，以砖为面材。建筑为二层，以工程实验室为主脊布置在庭院之间，起到分隔教师用房与学生设施两部分的作用。这一主脊形成中轴，有利于扩建。总建筑面积约10000平方米。建筑采用当地的材料和技术，在近乎荒瘠的环境中，其功能和简洁的组合，成为革命后当代伊朗建筑的范例。

参考文献

Diba, Darab, "Iran and Contemporary Architecture", *Mimar: Architecture in Development*, No. 38, March 1991, pp. 22-24.

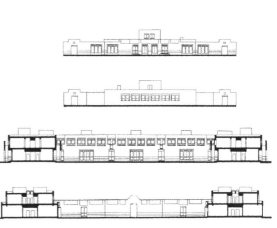

↑ 4 立面和剖面图

图由阿卡汗文化基金会提供，照片由 A. 齐艾伊摄制

87. 乔尔发住宅区

地点: 伊斯法罕, 伊朗
建筑师: 塔耶尔事务所
设计 / 建造年代: 1985—1988

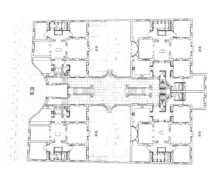

住宅区位于伊斯法罕城市南部, 原来是亚美尼亚基督教人的住区。新区供不同民族的人们居住, 并设有若干学校和教堂。由一个建筑师设计组设计的住宅居于中心地段。1985年开始设计, 1987年动工, 两年后竣工。

住宅用砖建造, 以取得与街面原有建筑的协调。立面正中的凹口是通向狭窄的人行便道的入口。便道可通达八座公寓, 亦做公共空间和游戏

↑ 1 底层平面图
← 2 楼梯

↑ 3 公寓楼后面外观
↓ 4 剖面图

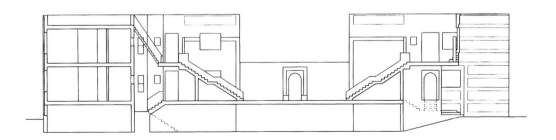

↑ 5 主入口

图和照片由建筑师提供

场用。每套公寓有三间卧室，共约150平方米。结构为承重砖墙、钢筋混凝土楼板。外墙部分为清水砖墙，部分为白粉刷墙。屋顶边缘很薄，亦为白色。一些细部处理，包括大门设计均反映出这一地区19世纪的住房装修。楼梯的铸铁栏杆是从拆除的旧屋中移来装用的。

建筑师在这一设计中运用了传统伊朗建筑的原理，也参照了所在地区的住房特点，然而又不是简单的抄袭。在运用中，它创造了伊朗现代住宅设计的范例。

参考文献

Diba, Darab, "Iran and Contemporary Architecture", *Mimar: Architecture in Development*, No. 38, March 1991, pp. 22-23.
Tajeer Consulting Architects (brochure), Tehran, 1998.

88. 国民大会堂清真寺

地点: 安卡拉, 土耳其
建筑师: B. 西尼契, C. 西尼契
设计/建造年代: 1985—1989

1985年土耳其大国民议会委托设计师建造一座清真寺, 作为国民大会堂的一部分, 国民大会堂原由霍尔兹迈斯特于1930年设计。业主对功能仅仅规定为500个信徒提供一个祈祷厅, 其余的内容都由建筑师考虑。设计人为夫妇俩, 他们在这一地区设计过若干建筑。这一次, 他们的儿子也参与了设计。设计于1985年开始, 两年后破土动工, 1989年落成。造价约为170万美元。

用地面积为2.5公顷, 呈三角形, 周围为公园坡地。布局采用奥斯曼清真寺庭院方式, 使该寺在庞大的政府建筑群体中有一个幽僻清静的环境。由于地势带有坡度, 所以建筑师将两个面遮蔽起来, 只有一个面对着广场。寺身和图书馆都各有通长的水平阳台。两座建筑互成角度, 角上有一棱角形两层阳台, 拟作为邦克楼。寺的屋顶是方锥形, 屋顶梁之间的低矮长方形窗做采光用。祈祷厅面向下沉式广场, 厅内壁龛为有机玻璃所造, 颇不寻常。妇女的祈祷厅由透光而不透明的立屏与大祈祷厅分隔。

建筑师在处理与周围建筑文脉的关系中技巧娴熟。建筑丝毫没有传统的

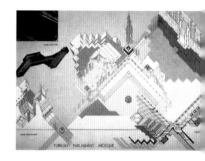

↑ 1 平面与局部轴测图

↑ 2 细部

↑ 3 祈祷厅与下沉式花园和水池

老调，熟稔地表现了土耳其现代清真寺形象，抽象处理了传统的壁龛、邦克楼，在祈祷厅的处理和空间表现上有所创新。

参考文献

Holod, Renata and Hasan-Uddin Khan, *The Mosque and Modern World*, London: Thames & Hudson, 1997, pp. 100-105.

"Mosque of the Grand National Assembly", in Davidson, Cynthia (ed.), *Architecture beyond Architecture*, London: Butterworth, 1995, pp. 124-131.

↑ 4 广场中的清真寺
↓ 5 祈祷厅内景

图 4、图 5 由 R. 冈内摄制，阿卡汗文化基金会提供；其余由建筑师提供

89. 司法宫与清真寺

> 地点：利雅得，沙特阿拉伯
> 建筑师：S. 巴德朗事务所（sba）；R. 巴德朗
> 设计/建造年代：1985—1992

↑ 1 从主广场看清真寺

1940年之前，沙特皇家所在的利雅得只是一个2.5万人的小城堡，至1990年已发展为300万名以上居民的城市。霍克姆宫（司法宫）是政府的中心，也是主要的商业区和教育中心，区内有多座清真寺。

1976年，行政长官S. A. 阿齐兹，在新成立的利雅得开发局的指示下，决定振兴该区，计划分几个阶段。第一阶段为1979年至1988年，以政府行政、市政和警察等部门的大楼为中心。1985年，由约旦建筑师R. 巴德朗领导的事务所担任第二阶段的设计，包含霍克姆宫建筑、

伊玛目图尔基·本·阿卜杜勒清真寺的重建和位于这两座建筑之间的阿得尔广场。这两项计划都在1992年完成。

设计按奈季迪式建筑进行，矩形的土、石承重结构，按传统建筑，其墙壁粉白，窗户很小，墙顶饰有雉堞，有内院。巴

德朗把建筑处理成似城堡状。混凝土墙的外墙面和内墙的上部铺设黄色石灰石，下部和柱面则覆以白色大理石。广场和公共场所种有棕榈树，在树荫下点缀以座椅和喷泉，成为家庭休憩的好去处，尤其在星期四和星期五两天。

清真寺开向广场，也

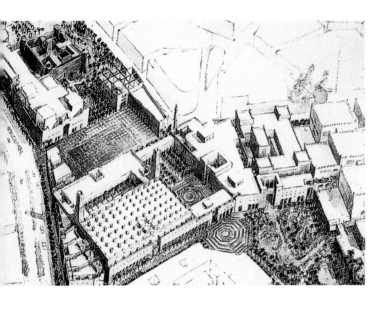

开向与之同名的街道。广场周围有约4800平方米的柱廊和遮阴走道，有一些走道两旁设有小商摊。清真寺的庭院围墙有15米高，两座各高50米的方形塔矗立在南、北。寺为平屋顶，用9米×9米模数预制混凝土构件装配。清真寺可容纳17000人，设两个图书馆，分别为男、女信徒使用。

司法院是一个总面积为35000平方米的建筑群。南部的楼形如堡垒，共有六层，墙身厚实，有四座硕大的塔。中央另有一塔做主厅及办公室的采光和通风之用。北部的楼共五层，开向内院，外墙面上开口不多，却甚为动人。地面层有一个1200平方米庄严的觐见厅，顶高14米，为国王接见下属的地方。楼内还设有办公室、餐厅、会议室等。霍克姆宫有两座桥通往清真寺，在政府和宗教之间既具现实意义又有着象征的

↑ 3 建筑群轴测图
↑ 4 前景为清真寺的建筑群鸟瞰
↦ 5 司法宫的典型庭院

358

意义。

此项设计获1995年阿卡汗建筑奖。评审的意见认为："此设计的空间特点和图像学意义显示出对该地区文化深厚的了解和建造技术的掌握……建筑师在成功地创造了一个现代的城市建筑群体的同时又保持了传统构架的精髓，这是一个了不起的成就。"

↑ 6 清真寺祈祷厅内景
← 7 司法宫内景

图和照片由建筑师提供

参考文献

"Great Mosque of Riyadh and Old City Centre Redevelopment", in Davidson, Cynthia C. with Ismail Serageldin(eds.), *Architecture beyond Architecture*, London: Academy Editions, 1995, pp. 84–93.
Khan, Hasan-Uddin, *Contemporary Asian Architects*, Cologne: Benedikt Taschen, 1995, pp. 130–135.

90.悬崖清真寺

地点：吉达，沙特阿拉伯
建筑师：A. W. 厄·瓦基尔
设计/建造年代：1986

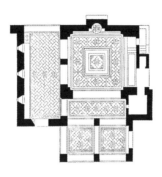

← 1 平面图
↓ 2 祈祷厅内景

吉达市市长M. S. 法尔西在20世纪80年代早期制订了一项沿悬崖海边填土筑地建造清真寺的计划。伟大的H. 法赛的弟子、埃及建筑师瓦基尔在这里设计了三座清真寺。

悬崖清真寺是其中最小的一座，面积只有195平方米，是一个紧凑的穹隆顶祈祷堂，布置得正规而有雕塑意味。入口前室上方是半圆筒拱顶。开敞庭院、面对大海的双开间柱廊以及邦克楼，共同组成这一完整的群体形象。厚实的邦克楼，基座相对较高，塔身较低，平面呈八角形，成为沿悬崖的地标。

从朝圣面入寺后，人们到达前室，然后转180度面对壁龛进行礼拜。祈祷堂内部涂有一层青铜涂料。地面用人造花岗石铺砌，灯具为铜制，窗和物架为木制。结构为混凝土和砖，表面抹灰刷白。

设计采取了多种历史、传统混合式样，主要是采

用埃及和地中海地区的纪念性建筑和民居的语言。建筑师在他自我限定的传统建筑形式范围之内做得恰到好处，设计了一件引人注目的艺术作品。◢

参考文献
⋮
Holod, Renata and Hasan-Ud-din Khan, *The Mosque and the Modern World*, London: Thames & Hudson, 1997, pp. 136–138.
Al-Asad, Mohammad, "The Mosques of Abdel Wahid El-Wakil", *Mimar: Architecture in Development*, No. 42, 1992, pp. 34–39.
"El-Wakil and New Mosque Architecture in Saudi Arabia" (special issue), *Al-Benaa* 34, Vol. 6, April–May 1987, pp. 11–34.

↑ 3北侧外观

图和照片由建筑师提供

91. 法国大使馆

地点：马斯喀特，阿曼
建筑师：建筑设计室
设计／建造年代：1986—1989

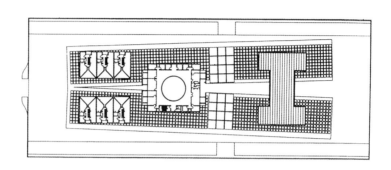

阿曼国在马斯喀特附近的外交区内所有的大使馆馆址用地全都相同，每块180米×80米。由建筑设计室做的设计充分利用了用地面积，因而在1987年法国外交部举办的设计竞赛中获胜。施工仅用了18个月，1989年启用。耗资1140万美元。

当地法规对于保护和推进阿拉伯传统建筑形式十分有力。设计采用了花格屏、穹隆顶和带泉池的庭园，相当成功。这三种

↑ 1 平面图
→ 2 细部

↑ 3 全景

传统元素完全以现代的方式加以运用，最明显的是建筑师把花格屏横向地设计，而不是竖向。用地几乎全部由双向混凝土梁构成的花架覆盖，柱距为4.5米×4.5米。此外，用地被处理成3%以上的坡度，坡向海边，在平淡的用地上创造出一种山地的感觉。部分用地上覆盖一系列带孔的小穹隆顶，使下面产生光影。花格屏几乎使整片用地成荫。全馆的三个部分——工作人员公寓、使馆办公楼与大使官邸——透过花架格子，互相连接，统成一个整体。

穹隆顶设在使馆办公楼之上，用不锈钢制成，下部楼层透空，看似浮腾空中。泉池沿交通路线纵向布置，泉水流动的愉悦之音，在炎酷气候中沁人肺脾。这一轴线并非传统方式，而是向海那一端偏斜了一个角度，使建筑不成直角布置，产生一种不寻常的效果，加之倾斜的

↑ 4 庭院和凉亭
↗ 5 凉亭的穹顶

↑ 6 内庭

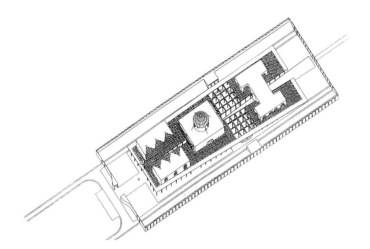

↑ 7 西立面图
← 8 轴测图

图和照片由建筑师提供

花架格子，在格子上又与之垂直相交，同时又以不同角度与地面相接，效果更为强烈。

结构采用钢筋混凝土框架、钢筋混凝土桩基础，铝板幕墙。外墙贴大理石，花格屏用混凝土。大使馆以抽象、现代的手法运用传统建筑元素，线条简明，与用地关系处理灵巧，使法国大使馆不失为庄重而创新的作品。

参考文献

Fuchigami, Masayuki, *Crosscurrents: Fifty-one World Architects*, Tokyo: Synectics Inc., 1995, pp. 18-21.

Guignard, Regis, Oman, entre feodalité et modernité, *d'Architectures*, No. 43, March 1994, pp. 52-53.

Pousse, Jean-François, Un patio dans le désert: Ambassade de France, Mascate, Oman, *Techniques & Architecture*, No. 388, March 1990, pp. 74-79.

92. 电讯公司总部

地点: 阿布扎比, 阿拉伯联合酋长国
建筑师: A. 埃里克森事务所与 NORR 咨询师事务所
设计/建造年代: 1986—1992

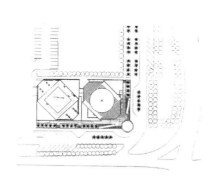

↑ 1 总平面图
↑ 2 外观

阿拉伯联合酋长国电讯公司总部设在阿布扎比, 其办公建筑为一对双塔, 优雅地呈现在天际线上。它是 A. 埃里克森事务所在一次国际竞赛中获胜的作品, 落成于 1992 年。总面积约 30000 平方米, 工程造价 3200 万美元。

塔楼方形, 一座 24 层高, 另一座为六层楼的车库和服务设施, 楼角斜切处理, 与两条繁忙道路转角相配。办公主楼立面有着强烈的垂直线条。楼的两个对角斜面是绿色玻璃幕墙, 另两个对角斜面是花岗石, 其余面是直线条。在玻璃面上有一对装饰柱, 为立面增添了许多视觉趣味, 也强调了主入口。每层都分别设置机械设备, 运转高度灵活。办公塔楼顶部是一个 22 米直径的球体, 内中装有各式天线。晚间打上灯光, 球体泛起白光, 成为阿布扎比的地标。

相邻的服务楼可停汽车 200 辆和一架直升机,

↪ 3 底层（入口层）平面和五层（礼
　堂与职工设施）平面图
↓ 4 南面外观夜景

图和照片由建筑师提供

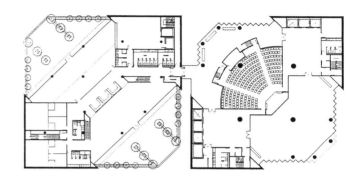

还设有祈祷室、自助餐
厅、壁球场和游戏室等。
楼的一部分是玻璃墙，可
观看到停机坪上直升机的
活动，创造了许多情趣。
主楼的底部三层向公众开
放，内有一个展示电讯发
展历史的展厅，还有为顾
客服务的其他设施。五层
有一个200座的会场，从
这一层可通过一个过道通
向另一楼的顶部。

93. 高等法院

地点: 西耶路撒冷
建筑师: A. 卡米 – 梅拉梅德, R. 卡米
设计 / 建造年代: 1986—1992

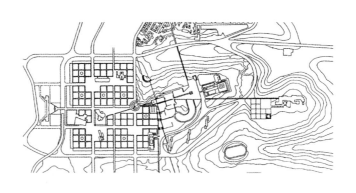

高等法院位于城市中心区三条主轴线的交会处, 象征着国家与个人之间的联系, 代表着前来以色列的各方面人士。耶路撒冷是由历史形成, 建筑式样繁多, 却靠了一种材料——石材统一起来。因而对这一建筑, 建筑师也非用石材不可。

1986年举行的国际设计竞赛中, A. 卡米-梅拉梅德与R. 卡米获奖 (他们的父亲, D. 卡米20世纪30年代在特拉维夫设计

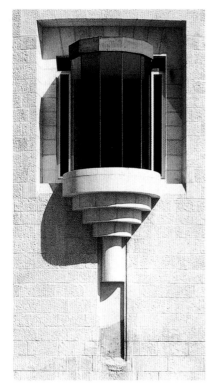

↑ 1 总平面图 (表示政府山与城门的关系)

← 2 窗洞 (仿门德尔松样式)

了一些国际式建筑）。法
院坐落在一公园旁，在城
市和政府建筑群之间的轴
线上。两位建筑师说道：
"我们试图创造一种对城
市回顾的概念性形象。这
幢建筑不能仅仅被看作景
观中竖立的一个物体，而
是要与邻近的环境和最大
范围的城市文脉相联系。"
因此，建筑的形体具有一

般的文化特征，同时表现
出一种政治的秩序感和恒
久性。

　　评论家 C. 梅尔休伊
什在一篇文章中写道：这
幢建筑的形式主要是由圆
形和直线的交通构成的实
体形成的，在经学上圆比
拟为公正和司法，直线比
拟为法律。高等法院的外
周是简洁的石墙，通过显

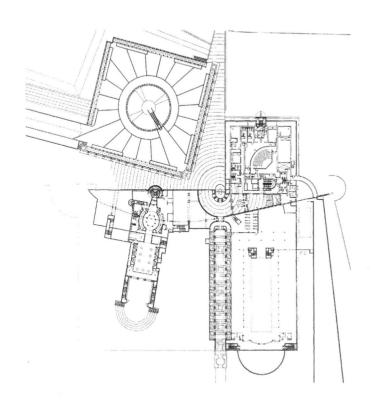

示内部各部分一系列的层次来表达这一建筑。一条南北轴线将法院纵向地一分为二，有一条对公众开放的路线设在东边，沿着它布置有法官室，它们都面对着一座狭长的内部庭院。在另一侧设有五个法庭，伸入山丘，直接与自然相连。东西轴是一条引向入口和弯形石墙的步道，那是法庭和法庭大厅间的分界岭。高大通透的入口大厅中有一座堂皇的楼梯，在这里全市景色一览无余。

建筑师运用了若干象征性的措施。在顶层有一个方锥体，一道光线穿透，形成了有似为押沙龙（《圣经》人物——编者注）墓台形象的第二重门廊。那著名的图书馆收藏着几世纪以来的法律档案，加强了犹太传统的法律法则。同时为被拘押者、公众和法官等所用的各层，彼此上下摆放，在中间公共设施部分会合，

↑ 4入口与餐厅层平面图
← 5庭院

↑ 6 图书馆内景
↓ 7 图书馆和法庭的南北剖面图
↓ 8 大法庭和停车库的南北剖面图

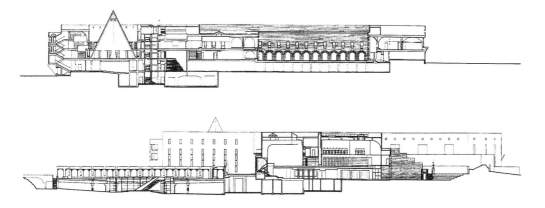

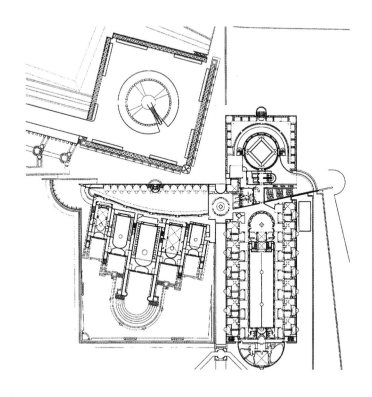

↑ 9 法官层平面图
↓ 10 法庭前室

图和照片由 A. 卡米 – 梅拉梅德
提供

这一布局强调了等级观念和法律程序。法庭的墙面采用细洁的石料，与外墙粗面形成对比。间接的自然光线浸透了室内。每一法官室都开向一个内庭，将室外引入室内。庭院的铺石间有一曲流水，使之软硬相济。

这一建筑群体是这一地区20世纪后半叶内最佳作品之一。除去明显的现代主义不说，作为城市景观的组成部分，它对城市来说是一个富有动力的核心。它不仅是国家的一个标志和象征，而且本身是一个开创性的作品，指引着新的建筑方向。

参考文献

Melhuish, Clare, "Ada Karmi-Melamede and Ram Karmi: Supreme Court of Jerusalem, House in North Tel Aviv", *Architectural Design*, Vol. 66 No.11–12, Nov.–Dec. 1966, pp. 34–39.
Sharon, Yosef, *The Supreme Court Building*, *Jerusalem*, Tel Aviv: Yad Hanadiv, 1993.

94.沙巴广场

地点：伊斯坦布尔，土耳其
建筑师：M. 孔努拉普
设计/建造年代：1987—1990

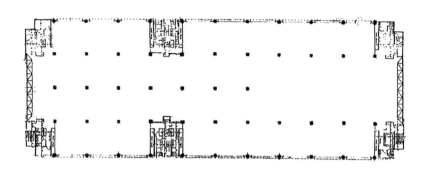

沙巴传媒集团，创立于1986年，出版土耳其最大的日报，还出版三份其他报纸和15种杂志。公司对建造大楼的要求是：具备良好的工作条件、高效的功能和端庄的现代形象。为此，公司从老城中迁出，在郊外新开辟的工商业区建立新址。1987年委托设计，一年后动工兴建。1990年迁入启用。

楼高四层，地下一层，平面为108米×36米。印刷、管理、编辑和营销各部分俱在同一屋顶之下。包括电梯、楼梯在内的服务部分设置在转角上和沿长向立面上，办公和工作室设在18米高的中庭四周，中庭旁还有三层印刷室。这一部分总是显示在人们眼前。外墙有大片玻璃面，中庭上方有天窗，使内部光亮通透。室内置攀缘植物和盆栽，从视觉上软化了生产环境。作家K. 鲁道夫描述它的内部空间时说：这是"一个左右一切的环境——飞旋

↑ 1 上层平面图
↑ 2 标准办公区
↑ 3 中庭

←4 全景
↑5 夜景
↝6 剖面图

图和照片由建筑师提供

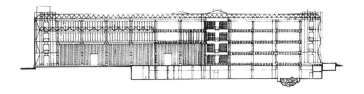

的机器具有粗犷的美，是力的称颂——对眼睛来说是美学的盛馔"。

柱网为600毫米×600毫米，支承盒形楼板，上面加有一层9米网格的楼板。上下二层楼板之间设置机械系统，建筑空间具有很大的灵活性。屋顶为空间网架，上设吸音铝制夹心顶板。

这一建筑成功地创造了一个功能完善的工作环境，采用最新的技术和西方管理，成为飞速发展的象征。设计中认真处理细部，谨慎选用材料，是土耳其建筑发展的新方向。

参考文献

Rudolph, Karen, "Sabah building in Istanbul", *ERCO Lichtbericht*, April 1993, pp. 27-29.

95. 中央鱼肉、果品、蔬菜市场

地点: 阿布扎比, 阿拉伯联合酋长国
建筑师: 普拉纳、斯科鲁普与耶斯佩森事务所; A. 阿尔 – 拉迪, N. O. 艾哈迈德, P. 莫克
设计/建造年代: 1987—1992

← 1 底层平面图
→ 2 入口

这一设计是在一次公开性国际竞赛之后委托的, 设计要求有"阿拉伯-伊斯兰"式风格。这一合作设计有意地避免采用了在海湾地区常见的那种一般化的"大杂烩"形式, 而是设计了一座具有当代风格的建筑, 同时保持着传统市场的一些道路和内部空间布局。

为了能使市场内部适应要求, 设计人尊重阿拉伯传统, 也考虑其实际性, 尽量使摊位少受热浪和眩光的干扰。市场由两翼组成, 相互连接, 各有一个中庭。每一翼部又各有三个半圆拱顶的大厅, 互成90度相连。翼部内沿内街布置摊位, 内街连通入口。入口处是光洁的二层拱券, 足以为入口大门上方的高窗遮阴, 既有光线又不眩目。整个市场周围有柱廊, 方便来往, 又蔽日晒。

市场采用预制混凝土面板, 墙面白色, 屋角浑圆, 立面和谐。这一设计, 原来只要求建一层, 后来有所调整, 将整个蔬菜市场并入, 设在二层。后来发现还需要冷藏库和一些服务设施, 故比原计划繁杂得多, 代价亦增高。

96. 迪拜博物馆

地点：迪拜，阿拉伯联合酋长国
建筑师：M. 马基亚
设计/建造年代：1988—1994

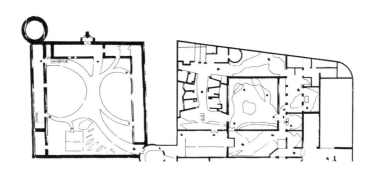

↑ 1 博物馆平面图
↑ 2 通向广场的休息厅出口
↑ 3 旧馆内展品

位于河南岸的法哈迪堡可算是迪拜遗留下来最久远的建筑，建于18世纪后期。20世纪60年代之前其周围荒凉空旷，随后陆续建造成形。1978年，酋长马克托邀请马基亚将旧堡复原，改为博物馆。十年后又开始设计新馆，至1993年落成。

法哈迪堡的平面尺寸为38米×41米，围绕一座长方形庭院建造，外墙高6米或8米不等。两隅有圆塔。新馆建于邻近的地下，屋顶作为广场，原来的旧堡仍一览无余，视线不受阻挡。在广场上，有一艘阿拉伯帆船被置于蓝色玻璃的平台上。阳光可透过玻璃平台照亮地下层，给予海洋展示以一种水中光线的效果。旧堡圆塔之一的螺旋坡道扩建至地下层，联系上、下新旧两部。地下的扩建部分，面积有2000平方米，做展示、办公用；旧堡仍做展览用。博物馆展示的内容为国家历史和民族的发展

↑ 4 旧堡庭院西北角

↑ 5 向北望迪拜湾的全景

图和照片由建筑师提供

历程。参观者从旧堡进入博物馆，然后到达新馆。参观完毕，通过螺旋形坡道回到地面广场。◢

参考文献

Al Radi, Abbad, *Al Fahidi Fort-Dubai Museum*, unpublished report, Geneva: Aga Khan Award for Architecture, 1996.

97. 商会

地点：迪拜，阿拉伯联合酋长国
建筑师：日建设计；L. H. 布克尔
设计/建造年代：1992—1995

楼高18层，可俯瞰迪拜河，总建筑面积有18000平方米，造价在3000万美元左右。楼内有一个700座的会堂，视听系统先进，还有一个1600平方米的展览厅和地下车库。平面布局分两个三角形，其中一个设有宽广的门厅和会堂，另一个则是办公塔楼。

外墙为高科技幕墙，服务设施系统智能化。办公塔楼和会堂的顶部呈斜面状，整个设计具有动人的雕塑感，在城市景观中十分突出。

↑ 1 会堂
→ 2 入口层平面图

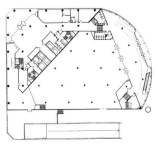

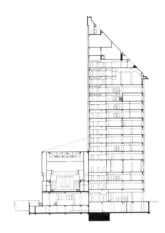

↑ 3 剖面图
↳ 4 从迪拜湾看建筑外观

图和照片由建筑师提供

98. 萨拉姆私宅

地点: 贝鲁特，黎巴嫩
建筑师: G. 阿比德，F. 达格尔
设计 / 建造年代: 1992—1995

← 1 底层平面图
↓ 2 显示了立面上楼
　 梯的外墙细部

黎巴嫩的卜特瑞村不寻常地保留着建筑的遗产。这一住宅的主人拥有村内一幢古老房屋，房屋上有着两座琢石砌的拱顶。建筑师的任务就是要在古老的结构上扩建一个舒适的住宅。

新建的部分离原有房屋4米，与原屋相齐，也与之同高。二层通高之间的空间成为一个生活中庭，可让新老两部分互相对望，又能从花园得到错景。屋面屋檐的细部经精

心处理，使南向的玻璃墙面在冬天能得到最大的日照，而在夏季则又受荫蔽。风和日丽的日子，可以把玻璃墙面下部的四扇玻璃门全部打开，中庭空间就宛如露天一般。再加上中庭的陶土地坪延伸至门外，这一效果更为增强。

新建部分两层高的外墙面为当地石块，经过喷砂处理；内部是卧室和服务设施，其中也有隔层，做起居之用，能俯瞰

←↑ 3 外观
←↑ 4 从住宅新翼看老结构拱券内景
↑ 5 内部中庭

图和照片由建筑师提供

庭园。有一个不寻常的特点，就是有一座室外楼梯，从花园升至新建的外墙并伸入内部与室内的楼梯平台相连，最后通向屋顶。室内楼梯从拱顶部分、中庭和花园各处都能被看到，楼梯的线条坚硬，阳台栏杆强调了水平向，处处使人联想起近海建筑。这些处理，加上整齐的边缘和简洁的窗框细部，都体现了这一建筑属于现代建筑。

建筑师在一座拱顶之下设计了一个规整的下沉式空间，正对着中心火炉。火炉周围的墙壁极为光洁，墙上开了若干壁龛，陈列摆设和用品，好似黎巴嫩传统的炉墙。拱顶的边墙不做面饰，任石块裸露。

新旧两部分匀称和谐。新建部分的设计十分尊重原有的建筑，与之默默地统一，然而却毫不抄袭老的形式，不做"假古董"，毅然表现出其现代主义的特征。

99. 迪克曼桥

地点：安卡拉，土耳其
建筑师：第 14 创作室
设计 / 建造年代：1992—1999

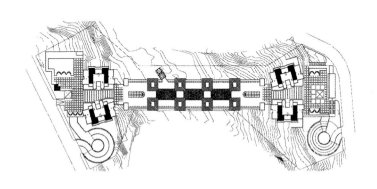

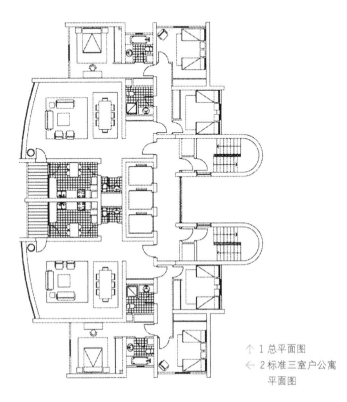

↑ 1 总平面图
← 2 标准三室户公寓
平面图

1991 年，安卡拉市启动了一项迪克曼河谷住房与环境工程，要打造"绿色"娱乐和居住"走廊"。迪克曼桥是该工程的一部分。用地位于安卡拉市南部两个人口稠密的居住区之间。

这一工程包含了一座跨越河谷的桥梁，两端各有高层塔楼。桥有两层，下层设文化中心，内有展览场所和工作室，上层则是购物中心。塔楼内的住房有二室户、三室户和四

↑ 3 从公园步行道看桥的全貌
→ 4 纵剖面图（东西向）

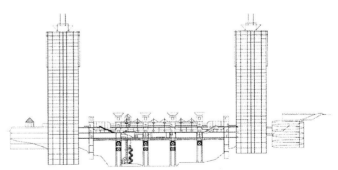

5 全景
6 塔与桥的细部
7 塔楼

室户，还有若干层做停车用。结构下方的谷地是绿带公园的一部分。整个工程总建筑面积约75600平方米，其中39100平方米是住宅。在1992年初期开始设计，1994年动工建造。原方案还有两座建筑物与桥相连；西面是小型户的公寓，东面是一个有层层台地的露天博物馆，地下有商店和车库。实施时建造的是标准三室户公寓和一座清真寺。整个方案计划于1999年全部竣工。

土耳其评论家A. 巴拉

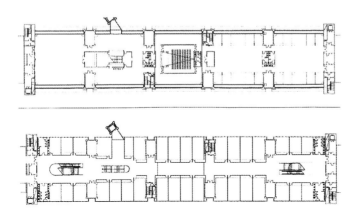

计之间的一种融合。"传
统的桥梁多不为人居住，
如佛罗伦萨的老桥和伦敦
古桥，这一新的建筑类型
为城市景色增添了一种鲜
明的形式。

↑ 8 模型（1993 年）
↑ 9 桥的上下层平面图

图和照片由 D. 帕米尔提供

米尔对此曾说道："（它）
摒弃了各种各样人民主义
的主张和刻意的意象，建
筑师试图探求令人眼花缭
乱的标记。这一作品以其
耀眼的形式一味突出自
我，同时又达到了在工程
的合理性与富于想象的设

参考文献

"Dikmen Bridge", *Yapi Dergi-si*, May 1992, pp. 60-68.
"Dikmen Bridge", *Arreda-mento Dekorasyon*, November 1992, pp. 89-90.
Kortan, E., *Mimarlik Antolojisi (Anthology of Architecture)*, Istanbul: YEM Press, 1997, pp. 159-160.

100. 市政厅

地点: 安曼，约旦
建筑师: J. 图坎事务所; J. 图坎, S. 巴德朗
设计/建造年代: 1994—1997

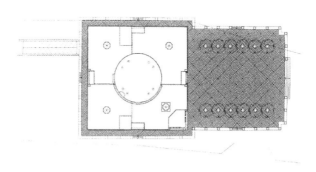

←1 总平面图
↓2 市政厅入口与
　　楼梯
↓3 市议会会议厅

在安曼历史旧城闹市区的一狭长地块（600米×100米）上，矗立起了一座新的市政厅，那是市政建筑群中的首期工程。其中设置了市长办公室，各部分市政议会室，还有会议厅和高级人员办公室等。市政厅前有一个规整的广场，也是二期工程的所在。厅后有坡道通往地下车库。四周都有入口，而主入口位于东面。

建筑的基部呈正方形，有四个部分，环绕一个露天的圆形庭院布置。地面层上，有一个部分含市政厅的主入口；有两个部分内设长期的公共展示；还有一部分内设自助餐厅。各部分之间有内部通路。二层设有餐厅、会堂、会议室和接待厅等。三层则是办公用房。整个建筑总建筑面积为8800平方米。

当地产的浅色石灰石是室内、室外的主要材料，细部处理运用传统装饰纹样，端庄得体。外立

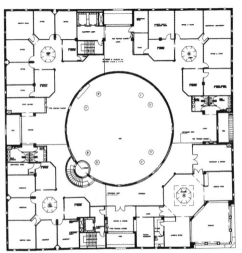

↑ 4 从广场看全貌
← 5 典型办公室平面图

面于底层处设立柱，颇有生气；二层在东南立面上"镂出"一平台，可供眺望，上面再饰以断柱残券，隐喻着约旦古废墟的宝藏。建筑物外部体形的组合以及深邃的洞孔都反映出这座建筑的空间组织，而将内部令人惊奇的圆形庭院隐蔽起来，创造出内外立面之间良好的张弛关系。K.卡德拉对这座建筑做评论时说："J.图坎的这一建筑明智地避免了机关惯有的那种华而不实的做法，采用朴实手法而又保持庄重、规正，表现出城市的力量。"

参考文献

Khadra, Kamel, "Municipal Presence, City Hall, Amman", *The Architectural Review*, April 1998, pp. 40-41.

↑ 6 位于内部廊道的中央入口
↳ 7 对角剖面图

↑ 8 市长办公室天窗
← 9 圆形的内庭院

图和照片由建筑师提供

本卷主编谢辞

　　我是非常幸运的，在写作时常有朋友和同事们给予建议和帮助，在编写这一卷的时候也不例外。他们帮我建立构思框架，帮我寻找罕闻的建筑的位置，帮我获得第一手资料，尤其是那些位于动乱、多变地区的建筑实例。

　　首先我必须感谢与我一起从事编写丛书的各位。本丛书的总主编K.弗兰姆普敦不仅给予建议，而且还不辞辛劳地对文章审阅和编撰。K. 朗格特格（Karen Longeteig）无数遍阅读了所有文字，提出建议，翻译了某些段落，还帮助编辑、修订。没有她的努力，这一卷会显得较为贫乏，也许会迟迟出不来。他们二位对于本卷的成书起着重要的作用。

　　本卷实例的评论员以精深的专业知识来选取建筑，不厌其烦地回答我的问题，还给以有益的建议，我对他们致以诚挚的谢意。他们是：A. 阿尔-拉迪、G.阿比德、S.博兹多安、D.迪巴、U.库特曼、A.尼灿-西夫坦，以及N.拉巴特；此外，特别要感谢博兹多安对本卷主编综合评论的批评意见，还有阿尔-拉迪、阿比德、库特曼和拉巴特，他们都帮助我寻找材料和实例说明。

本卷提到的一些建筑师也提供了许多资料。他们的作品对于20世纪的建筑是有启发性的。有一些机构和人员也帮助我收集文字和图片资料，他们有：设在日内瓦的阿卡汗文化基金会的W. O. 赖利和M. 克里斯托弗，英国的查迪吉研究中心的B. 卡米尔，阿卡汗计划的M. 史密斯和A. 纳巴尔，麻省理工学院的罗彻视觉艺术馆，以及耶路撒冷的犹太民族文化中心档案馆的R. 科夫勒罗。R. 霍洛德将她从多方面收集到的有关土耳其的材料任我取阅，包括从安卡拉中东理工大学档案馆取得的材料。其他提供资料的机构都一并载于有关段落中。

　　有好多位建筑师除了自己的作品外还提供他人的建筑资料。他们是：伦敦W. 梅森事务所的B. 艾特肯，巴黎的K. 迪巴，美国的M. 萨夫迪，波士顿的P. 塔瓦尔，以及安曼的J. 图坎。提出过有益建议的建筑师有：费萨尔大学的K. 阿斯福尔和J. 阿克巴尔，伊斯坦布尔的A. 巴拉米尔和A. 居泽尔，柏林的I. H. 吉恩伯格，贝鲁特的M. 叶海亚，以及巴黎的S. 阿巴杜拉克（后者还提供了一些他自己的照片）。哈佛大学的H. 萨尔基斯提供的图片和建议对我今后的工作也都有裨益。辛辛那提的M. 马达尼甚至还远自伊朗取得图片，提供了该国有深度的资料。对以上所有人，致以衷心的铭谢。对于日内瓦阿卡汗建筑奖的秘书长S. 厄兹坎，对他在经济上和思想上的支持，感激尤深，他的帮助，及时又持久，足以显示他的精神和慷慨。

　　在这整理资料和编写本卷的18个月中，麻省理工学院的助理研究员Y. 科塞巴伊、K. 洛多和F. A. 德米尔塔什给了我很大帮助。麻省理工学院有四个学生协助编制文献资料和扫描图片，他们是：S. 马哈茂德、P. 南达、P. G. 鲁塞尔和 J. 蒂尔凯尔。

这一套雄心勃勃的巨作的组织者、中国建筑学会的张钦楠，他那不懈的鼓励、建议和耐心使我能完成本卷的编撰。他的帮助让我感到接受这一任务的愉快，对他我万分感激。上海同济大学的李德华教授将本卷译成中文，将本卷的精神牢牢地凝结在译文内。罗小未教授又协助编排。我由衷地感谢他们所做的一切。

我要感谢所有提到的各位，有好多位由于我的疏忽而没有提到，对他们我深表歉意。实例的介绍和意见都是我撰写的，其中的不足之处是我的责任。在编写的过程中，我本人获益匪浅，有所发现，有所收获，尤其是发现了20世纪初期那些罕有记载的作品。

总参考文献

注：总目中的参考文献包含了中东地区各国主要刊物和论文；各国（或地区）文献涉及了各国的书籍和文章。各建筑作品的参考文献则列入正文中。

总目

"American Architects on Recent Architecture in the Arab World". In *Middle East*, Washington, DC: American Arab Affairs Council, 1986.

Al-Asad, Mohammad. *The Modern State Mosque in the Eastern Arab World, 1928-1985* (unpublished Ph. D. thesis). Cambridge, Massachusetts: Massachusetts Institute of Technology, 1990.

The Architecture of Rifat Chadirji, a Collection of Twelve Etchings(lim. ed.). London: Print Center, 1984.

Ardalan, Nader and Laleh Bakhtiar. *The Sense of Unity: The Sufi Tradition in Persian Architecture*. Chicago: University of Chicago Press, 1973.

Cantacuzino, Sherban, ed. *Architecture in Continuity*. New York: Aperture, 1985.

Chadirji, Rifat. *Concepts and Influences: Towards a Regionalized International Architecture*. London: KPI, 1986.

Culot, Maurice and Jean-Marie Thiveaud. *Architecture Françaises d'OutreMer*. Liège: Mardaga, 1992.

Curtis, William. *Modern Architecture since 1900*. 3rd ed. London: Phaidon, 1996.

Davidson, Cynthia, ed. *Architecture beyond Architecture*. London: Butter worth, Academy Editions, 1995.

Emanuel, Muriel, ed. *Contemporary Architects*. 3rd ed. New York/London: St. James Press, 1994.

Frampton, Kenneth. Modern *Architecture: A Critical History*. rev. ed. London: Thames & Hudson, 1985.

Fuchigami, Masayuki. *Crosscurrents: Fifty-one World Architects*. Tokyo: Synectics Inc., 1995.

Holod, Renata with Darl Rastorfer, eds. *Architecture and Community*. New York: Aperture, 1983.

Holod, Renata and Hasan-Uddin Khan. *The Mosque and the Modern World*. London: Thames & Hudson, 1997.

Khan, Hasan-Uddin. *Contemporary Asian Architects*. Cologne: Benedikt Taschen, 1995.

Kultermann, Udo. *Architeckten der Dritten Welt*. Cologne: Du Mont Buchverlag,1980.

Kultermann, Udo. *Architecture in the 20th Century*. New York: Van Nostrand Reinhold, 1993.

Kultermann,Udo. "Architects of the Gulf States" ...*Mimar: Architecture in Development*, No.14 (Nov.1984): pp. 50-57.

Kultermann, Udo. *Contemporary Architecture in the Arab States*, New York: Mcgraw Hill,1999.

Nanji, Azim, ed. *Building for Tomorrow: The Aga Khan Award for Architecture*. London:

Academy Editions,1994.

Serageldin, Ismail, ed. *Space for Freedom: The Search for Architectural Excellence in Muslim Societies*. London:Butterworth Architecture, 1989.

Serageldin, Ismail with James Steele, eds. *Architecture of the Contemporary Mosque*. London: Academy Editions, 1996.

Steele, James, ed. *Architecture for a Changing World*. London: Academy Editions, 1992.

Steele, James, ed. *Architecture for Islamic Societies Today*. London: Academy Editions, 1994.

Vale, Lawrence J. *Architecture, Power and National Identity*. New Haven: Yale University Press, 1992.

各国（或地区）文献

巴林

"Akademiske medaljer". *Arkitekten* 95 No.10 (July 1993): p.375.

Blair, David. "Bahrain Boxes". *Architectural Review* 187 no.1120 (June 1990): pp. 87-91.

Holscher, Knud. "The National Museum of Bahrain". *Mimar:Architecture in Development*, No. 35 (June 1990): pp. 24-29.

"Nationalmuseum i Bahrain". *Arkitekten* 86 No.17 (Sept.1984): pp. 350-359.

"Nationalmuseum i Bahrain". *Arkitektur DK* 33 No.3 (1989): pp. 105-123.

"The National Museum of Bahrain". *Living Architecture*, No.8 (1990): pp. 120-129.

"Office Complex and Majlis for H. E. the Heir Apparent, Project Summary" (unpublished document). Geneva: The Aga Khan Award for Architecture, 1980.

伊朗

Adle, Chahryar. "Maxime Siroux". *Le Monde Iranien et l'Islam* 3, Paris, 1975, pp.127-129.

Adle, Chahryar and Bernard Hourcade, eds. *Tehran capitale bicentenaire*. Paris: Institut Français de Recherche en Iran,1992.

Diba, Darab. "Iran and Contemporary Architecture". *Mimar: Architecture in Development*, No. 38 (March 1991): pp. 22-24.

Dixon, John Morris. "Cultural hybrid". *Progressive Architecture* 59 No.5 (May 1978): pp. 68-71.

Dixon, John Morris. "Traditional Weave. Housing, Shushtar New Town, Iran". *Progressive Architecture* 60 No. 10 (Oct.1979): pp. 68-71.

Falamaki, M. "al-Ghadir Mosque, Tehran". *Mimar: Architecture in Development*, No. 29 (Sept.1988): pp. 24-29.

Hollein, Hans. "Tehran Museum of Glass and Ceramics". *Places of Public Gathering in Islam*, proceedings of a seminar, Linda Safran (ed.). Philadelphia: Aga Khan Award for Architecture(1980), pp. 93-99.

Kamran Diba. *Buildings and Projects*. Stuttgart: Hatje, 1981, pp. 30-47, 166-223.

Kassarjian, J. B. and Nader Ardalan. "The Iran Centre for Management Studies, Tehran", in *Designing in Islamic Cultures I, Higher-Education Facilities*. Cambridge, Mass. :The Aga Khan Program for Islamic Architecture, 1982, pp. 22-29.

Marefat, Mina. "Building to Power: Architecture of Tehran,1921-1941". Ph. D. dissertation, unpublished, Massachusetts Institute of Technology, 1988, pp. 132-136, 185-188, 552-554.

Marefat, Mina. "The Protagonists Who shaped Modern Tehran", in *Tehran capitale bicentenaire*, ed. C. Adle and B. Hourcade, Paris: Institut Français de Recherche en Iran, 1992, pp. 88-108.

Pakdaman, R. Behrouz. *Yadnama i Vartan Avanessian*, Tehran: Jami'a Moshaviran Iran, 1983.

"Shushtar New Town". *Mimar: Architecture in Development*, No. 17(Aug.1985): pp. 49-53.

Tehran at a Glance. Tehran: Ministry of Culture & Islamic Guidance,1992.

Yücel, Atilla. "Imam Sadegh University(ICMS)" (unpublished technical review). Geneva: Archives of the Aga Khan Award for Architecture, 1989.

Vitou, Elisabeth, with Dominique Deshoulieres and Hubert Jeanneau. *Gabriel Guevrekian 1900-1970.* Paris:Connivences,1987.[a]

伊拉克

"Abu Nawas Development." *Process: Architecture* 58 (May 1985), pp. 59-72, 148.

Abu Nawas Development Project (unpublished report). Geneva: The Aga Khan Award for Architecture, 1989.

"Amanat Al Asima". *Al Bena* 49 (Aug. 1989), p. 28.

The Architects Collaborative, Inc. Barcelona: Editorial Gustavo Gili, 1972, pp. 119-137.

"Dissing + Weiting",. *Architecture and Urbanism* No.6 (201) (June 1987): pp. 73-100.

"Gymnase à Bagdad". *Architecture d'aujourd'hui* 228 (Sept.1983): pp. 2-5.

Hiwaish, Akeel N. Mulla. *Modern Architecture in Iraq* (in Arabic). Baghdad: 1988.

Jensen, Poul Ove. "The Central Bank of Iraq". *Arkitektur DK* 30 No.8 (Dec.1986): pp. 376-383.

J. L. Sert. *Architecture*, *City Planning, Urban Design*. Barcelona: Gustavo Gili, 1968, pp.98-109.

Khan, Hasan-Uddin. "Regional Modernism: Rifat Chadirji's portfolio of etchings." *Mimar: Architecture in Development*, no.14 (Dec.1984): pp. 65-68.

Kultermann, Udo. "Contemporary Arab Architecture: The Architects of Iraq." *Mimar: Architecture in Development*, no.5 (Sept.1982): pp. 54-61.

Lindsey Smith, C. H. *JM: The Story of an Architect*. London: Wilson & Mason, 1976.

Makiya, Kanan. *Post-Islamic Classicism.* London: Saqi Books, 1990, pp. 44-58.

"Medinat al Salaam, Baghdad 1979-83". *Process Architecture* (special issue) 58 (1985): pp. 40-41.

"New Work of Sert, Jackson and Gourley". *Architectural Record*, May 1962, pp. 140-146.

Parkyn, Neil. "Consulting Architect: Architectural Landmarks of the Recent Past". *Middle East Construction* 9 No.8 (Aug.1984): pp. 37-41.

Sultani, Khalid. "Architecture in Iraq between the Two World Wars, 1920-1940". *UR: The International Magazine of Arab Culture*, 2/3 (1982), pp. 93-105.

Taj-Eldin, Suzanne. "Baghdad: Box of Miracles". *Architectural Review* 181 No.1079 (Jan.1987): pp. 78-83.

Von Moos, Stanislaus. *Le Corbusier:Elements of a Synthesis*. London: 1979, pp. 98-101.

以色列 / 巴勒斯坦

Ahimeir, Ora and Michael Levin, eds. *Modern Architecture in Jerusalem*. Jerusalem: Institute for Jerusalem Studies, 1980, pp. 22-25.

"Architecture in Israel". *L'architecture d'aujourd'hui* 77(May 1958): p. 77.

Best, David. "Architecture in Israel". *RIBA Journal* (Nov. 1972): pp. 463-468.

Cook, Peter. "Spiral Hecker". *Architectural Review* 188 No.1124 (Oct 1990): pp. 54-58.

"Current Architecture: Hospitalo Erich Mendelsohn". *Architectural Review* 85 (Feb.1939): pp. 83-86.

Doberti, Roberto. "Zvi Hecker, la geometria manifiesta". *Summarios* (Argentina) No. 30 (April 1979): pp. 473-508.

Erich Mendelsohn in Palestine(exhibition catalogue). Haifa: Technicon (Israel Institute of Technology), 1994.

Harlap, Amiram. New Israeli Architecture. Rutherford: Fairleigh Dickinson University Press, 1982, pp. 45, 51, 296-297, 342-343.

Heinze Greenberg, Ita. "Paths in Utopia: On the Development of the Early Kibbutzim". In *Social Utopias of the Twenties*, edited by Jeannine Fiedler. Berlin: Müller + Busmann, 1995.

Herbert, Gilbert. "On the fringes of the International Style: transmissions and transformations". *Architecture SA*, (Sept./Oct.1987): pp. 36-43.

Herbert, Gilbert and Ita Heinze-Greenberg. "The Anatomy of a Profession: Architects in Palestine During the British Mandate". *Architectura* (Jan.1992): pp. 149-162.

"Honeycomb on a hillside in Israel". *Ideal Home* (London), April 1977.

"Hôtel de Ville de Bat-Yam". *l'Architecture d'Aujourd'hui* 34 No.106(Feb-Mar1963): pp. 66-69.

"Israel Museum". *Architettura* 38 No.3 (437) (March 1992): pp.190-200.

"The Israel Museum in Jerusalem". *Domus*, No.451 (June 1967): pp.12-17.

Kamp-Bandau, Irmel et al. *Tel Aviv: Modern Architecture* 1930-1939. Berlin: Ernst Wasmuth Verlag, 1994.

Kroyanker, David. *Jerusalem Architecture*. New York: Vendome Press, 1994, pp. 150-151.

Melhuish, Clare. "Ada Karmi-Melamede and Ram Karmi: Supreme Court of Jerusalem. House in North Tel Aviv". *Architectural Design* 66 No.11-12 (Novs-Dec 1966): pp. 34-39.

"Moshe Safdie: Building in Context". *Process Architecture*, No.56 (March 1985): pp. 61-65.

Murray, Irena Zanlovska, ed. *Moshe Safdie: Buildings and Projects, 1967-1992*. Montreal: McGill Queens University Press, 1995, pp.116-118.

Perry, Ellen. "The architecture of Israel". *Progressive Architecture* (March 1965): pp. 166-177.

Sandberg, William. "Israel Museum in Jerusalem". *l'Architecture d'aujourd'hui*, Dec.-Jan.

1966-1967, pp. 2-7.

Sharon, Yosef. *The Supreme Court Building, Jerusalem*. Tel Aviv: Yad Hanadiv, 1993.

Tount, Anna, ed. *Al Mansfeld*. Berlin: Ernst & Sohn, 1998.

Whittick, Arnold. *Erich Mendelsohn* (2nd ed.). London: Leonard Hill, 1956, pp. 112-133.

Zevi, Bruno. *Erich Mendelsohn*. London: Architectural Press, 1985, pp. 142-148.

Zevi, Bruno and Julius Posener. *Erich Mendelsohn* (exhibition catalogue). Berlin, 1968.

"Zvi Hecker: Works". *A+U (architecture+urbanism)* no.8 (263) (Aug.1992): pp. 22-39.

约旦

Abu Hamdan, Akram. "Profile: Rasem Badran". *Mimar: Architecture in Development*, No.25 (Sept.1987): pp. 50-57.

Abu Hamdan, Akram. "Profile: Jafar Tukan". *Mimar: Architecture in Development*, No.12 (May 1984): pp. 54-65.

"Jordan: Yarmouk University, Irbid". *Mimar: Architecture in Development*, No.42 (March 1992): pp. 56-57.

Kenzo Tange: 40 ans d'Urbanisme et d'Architecture (exhibition catalogue). Tokyo: Process Architecture Publishing, 1987, pp.124-127.

Khadra, Kamel. "Municipal Presence: City Hall, Amman". *The Architectural Review*, April 1998, pp. 40-41.

科威特

Architettura nei paesi islamici (Biennale di Venezia catalogue). Venice: Electa Editrice, 1982, pp. 168-169.

Gardner, Stephen. *Kuwait: The Making of a City*., London, 1983 .

Kultermann, Udo. "Acqua per L'Arabia". *Domus,* No. 596 (1979).

Randall, Janice. "Sief Palace Area Building, Kuwait". *Mimar: Architecture in Development*, No.16 (May 1985): pp. 28-35.

Skiver, Poul Erik. "Kuwait National Assembly Complex". *Living Architecture*, No. 5(1986): pp. 124-127.

"Water Towers, Kuwait City, Kuwait". In *Architecture and Community*, edited by Renata Holod with Darl Rastorfer. New York: Aperture, 1983, pp. 173-181.

Weschler, Lawrence. "Architects Amid the Ruins". *The New Yorker*, Jan. 6, 1992, pp.43-64.

黎巴嫩

Abu Hamdan, Akram. "Jafar Tukan of Jordan". *Mimar: Architecture in Development,* No.12 (April-June 1984), pp. 54-65.

"Architecture in Lebanon". *Architectural Design* 27 (March 1957): p. 105.

"Beyrouth-Collège Protestant" . *Architecture d'aujourd'hui*, No.71 (June 1957): pp. 22-23.

"Collège Protestant des Jeunes Filles a Beyrouth".*Techniques & Architecture* 18 No.4, (Sept. 1958): pp. 116-119.

Rowe, Peter G. and Hashim Sarkis, eds. *Projecting Beirut, Episodes in the Construction and Reconstruction of a Modern City*, Munich and New York: Prestel,1998.

"Hospital in Baabda bei Beirut". *Baumeister* 63 (Nov. 1966): pp. 1319-1321.

"Ministère de la Défense nationale, Beyrouth". *Architecture Plus*, April 1973.

Pély Audan, Annick. *Andr é Wogenscky*. Paris: Editions Cercle d'Art, 1993, pp. 65-71.

Stone, Edward Durell. *The Evolution of an Architect*. New York: Horizon Press, 1962, pp. 166-167.

"Lebanon". *Techniques et Architecture* (Paris), no.1-2 (Jan.-Feb.1944).

Yacoub, Gebran. *Architecture au Liban* 3. Beirut: Alphamedis, 1996.

阿曼

Guignard, Regis. "Oman, entre feodalité et modernité". *d'Architectures*, No.43 (March 1994), pp. 52-53.

Pousse, Jean-François. "Un patio dans le désert: Ambassade de France, Mascate, Oman". *Techniques & Architecture*, No.388 (March 1990): pp. 74-79.

卡塔尔

Taylor, Brian Brace. "University, Qatar". *Mimar: Architecture in Development*, No.16 (May 1985): pp. 20-27.

Wright, George R. H. *The Qatar National Museum: Its Origins, Concepts and Planning*. Doha: Qatar National Museum, 1975.[a]

沙特阿拉伯

Abdelhalim, Abelhalim I. "Diplomatic Quarter Central Area, Block 3 Centre" (unpublished). Geneva: Archives of the Aga Khan Award for Architecture, June 1989.

Al-Asad, Mohammad. "The Mosques of Abdel Wahid El-Wakil". *Mimar: Architecture in Development*, No.42 (March 1992): pp. 34-39.

Al-Radi, Selma. "Ministry of Foreign Affairs". In *Architecture for Islamic Societies Today*, edited by James Steele, London: Academy Editions, 1994, pp. 116-125.

"Affording the best". *Architectural Record*, March 1984.

El-Wakil, Abdel Wahed. "Buildings in the Middle East". *Mimar: Architecture in Development*, No. 1 (Aug. 1981): pp. 48-61.

"El-Wakil and New Mosque Architecture in Saudi Arabia". *Al Benaa* (special issue) 34, Vol. 6,

April-May 1987, pp.11-34.

"Great Mosque of Riyadh and Old City Centre Redevelopment". In *Architecture beyond Architecture*, edited by Cynthia C. Davidson with Ismail Serageldin. London: Academy Editions, 1995, pp. 84-93.

Hobson, Dick. "The Riyadh Gateway". *Aramco World*, Jan.-Feb. 1984.

Khan, Hasan-Uddin. "National Commercial Bank, Jeddah". *Mimar: Architecture in Development*, No.16 (April-June 1985): pp. 36-41.

"King Faisal Foundation Headquarters Complex (project), Riyadh". *Japan Architect* 54, nos.7-8 (July-Aug. 1979): pp. 267-268.

Kultermann, Udo. "The Architects in Saudi Arabia". *Mimar: Architecture in Development*, No.16 (April-June 1985): pp. 42-53.

McQuade, Walter. *Architecture in the Real World: The Work of HOK*. New York: Abrams, 1984, pp. 212-219, 230.

"Ministry of Foreign Affairs, Riyadh". *Architectural Review*, Nov.1989, pp.96-98.

"Ministry of Foreign Affairs". Project Summary and Client's Record Forms (unpublished). Geneva: Archives of the Aga Khan Award for Architecture, 1985.

Nyborg, Anders. *Henning Larsen: Ud Af Det Bld*. Copenhagen: Anders Nyborg Privattryk, 1986.

"Saudi Arabia's Capital Airport". *Middle East Economic Digest*, 11-17 November 1981.

叙利亚

Abdulac, Samir. "Damas: les années Ecochard (1932-1982)". *Cahiers de la Recherche Architecturale*, no.10-11(May 1982): pp. 32-43.

"The Building of the new House of Representatives" (in Arabic). *Damascus: Journal of the Order of Engineers*, I, issue I (Jan.1955): pp. 4-34.

"Department of Architecture, Damascus" (unpublished). Architect's Record Form. Geneva: Archives of the Aga Khan Award for Architecture, 1983.

Frampton, Kenneth. "Centre in Damascus". *Parametro*, No.134, 1987.

"French Cultural Centre, Damascus". *Mimar: Architecture in Development*, No. 27(Mar.1988): pp.12-20.

"Maintaining cultural continuity and traditional skills". *Architectural Record* 171 No.11, Sept. 1983, p. 74.

Qutaybai, Al Shihabi. *Damascus: History and Photographs* (in Arabic), 3rd ed. Damascus: al Nuri, 1990.

"Reconstruction of Azem Palace, Damascus". *Architectural Review* 174 No.1040, Oct. 1983, p.109.[a]

土耳其

Altug-Behruz Çinici: Architectural Works, 1961-1970 / 2nd ed. Ankara: privately published, 1975.

"Anadolu Kulubu Binasi". *Arkitekt* 27, No. 295, Nov. 1959, pp. 45-52.

Aslanoglu, Inci. *Erken Cumhuriyet Dönemi Mimarligi*, Ankara: ODTU, 1980, pp. 74-75, 101, 268-269 and 253.

Balamir, Aydan and Jale Erzen. "Contemporary Mosque Architecture in Turkey". In *Architecture of the Contemporary Mosque*, edited by Ismail Serageldin with James Steele, London: Academy Editions, 1996, pp.100-107.

Batur, Afife. "Yildiz Serencebey de Seyh Zafir Turbe, Kitaplik ve Cesmesi". *Anadolu Sanati Arastirmalari*, Vol. I, 1968, pp.102-105.

Batur, Afife. "To be Modern: Search for a Republican Architecture". In *Modern Turkish Architecture*, edited by R. Holod and A. Evin. Philadelphia: University of Pennsylvania Press, 1984, pp. 75-81.

Barillari, Diana and Ezio Godoli. *Istanbul 1900: Art Nouveau Architecture and Interiors.* New York: Rizzoli, 1996, pp. 95-101.

Bozdogan, Sibel, with Suha Özkan and Engin Yenal. *Sedad Eldem. Architect in Turkey*, Singapore: Concept Media, 1987.

Copur Ulker. "Encountering Identity: Representation of Modernity by Western Architects in Turkey A Cross-Cultural Debate" in *Theatres of Decolonization* (proceedings), vol. 2(ed. V. Prakash). Seattle: University of Washington, 1995, pp.471-482.

Davey, Peter. "Demir Holiday Village, Bodrum, Turkey". *Architectural Review* 191, October, 1992, pp. 50-65.

"Dikmen Bridge". *Arredamento Dekorasyon*. November 1992, pp. 89-90.

"Dikmen Bridge". *Yapi Dergisi*, May 1992, pp. 60-68.

Dogan Tekeli-Sami Sïsa: Projects 1954-1994. Istanbul: Yem Yayin, 1994.

Eldem, Sedad Hakki. *50 Yillik Medek Jubilesi.* Istanbul, 1983, pp. 81-83.

Gerçek, Cemil, ed. *Cengiz Bektas, Mimarlik Çalismalari.* Ankara; Yaprak Kitabevi, 1979, pp. 58-63.

"Hilton Hotel, Istanbul". *Baumeister*, Aug. 1956, pp. 535-541.

Holod, Renata and Ahmet Evin, eds. *Modern Turkish Architecture*. Philadelphia: University of Pennsylvania Press, 1984.

"Istanbul Hilton".*l'Architecture d'aujourd'hui*, Sep.1955, pp. 103-115.

Joedicke, Jürgen. "Middle East Technical University, Ankara". *Bauen & Wohnen* 19, July 1965, pp. 275-280.

Khan, Hasan-Uddin and Suha Özkan. "The Bektas Participatory Architectural Workshop, Turkey". *Mimar: Architecture in Development*, No.13 (July-Sept.1984): pp. 47-65.

Kortan, E. *Mimarlik Antolojisi* (Anthology of Architecture). Istanbul: YEM Press, 1997, pp. 159-160.

"Lassa Tyre Factory, Izmit". *Mimar: Architecture in Development*, No.18 (Oct.-Dec. 1985): pp. 28-33.

"Mosque of the Grand National Assembly". In *Architecture beyond Architecture*, edited by Cynthia Davidson, London: Butterworth, 1995, pp. 124-131.

Özkan, Suha. "Echoes of Sedad Eldem". In *Sedad Eldem*, edited by Sibel Bozdogan et al., Singapore: Concept Media, 1987, pp. 13-22.

Piccinato, Luigi. "L'Universita del Medio Oriente presso Ankara". *L'Architettura* 10 No.114, April 1965, pp.804-814.

"Profil: Abdurrahman Hanci". *Arredamento Dekorasyon*, No.84 (Sept.1996), pp. 77-83.

Rudolph, Karen. "Sabah building in Istanbul". *ERCO Lichtbericht*, April 1993, pp. 27-29.

Sedad Hakki Eldem. Istanbul: Mimar Sinan University, 1983, pp.98-105.

Serageldin, Ismail. "The Social Security Complex". In *A Space for Freedom.* London: Butterworth Architecture, 1989, pp. 78-89.

"Sergievi Ankara". *Arkitekt,* No.4 (1935): pp. 97-107.

Sergi Binasi Musabakasi (Competition for the Exhibition Hall). *Mimar* (Turkey) 2 (May 1933): pp. 131-135.

"Taslik Kahvesi". Arkitekt(Turkey), 1950, pp. 207-210.

"Tourist Hotel for Istanbul, Turkey". *Architectural Record,* Jan. 1953, pp. 103-116.

Yavuz, Yildirim. *Mimar Kemalettin*. Ankara: ODTU 1981, pp. 173-85, pp. 271-279.

Yavuz, Yildirim and Suha Özkan, "The Final Years of the Ottoman Empire". In *Modern Turkish Architecture*, edited by R. Holod and A. Evin, Philadelphia: University of Pennsylvania Press, 1984, pp. 44-50.

Yucel, Atilla. "Contemporary Turkish Architecture". *Mimar: Architecture in Development*, No.10 (Oct.-Dec.1983): pp. 58-68.

"Istanbul Ramada Hotel" (unpublished report). Geneva: Aga Khan Award for Architecture, 1992.

阿拉伯联合酋长国

Abu Hamdan, Akram. "Shopping Centre, Kindergarten School, Dubai". *Mimar*: *Architecture in Development*, No.12 (May 1984): pp. 62-64.
Al Radi, Abbad. *Al Fahidi Fort-Dubai Museum*, unpublished report, Geneva: Aga Khan Award for Architecture, 1996.

"The American Approach: Building Boom Challenges the Architects". *Jerusalem Star*, January 1984, pp.19-25.
A Windtower House in Dubai. London: Art and Archaeology Research Papers, June 1975.

"Designing in the Islamic Context; Two Inter-Continental Hotels in Abu Dhabi". *Architectural Record*, July 1980.

"Restoration of Sheikh Saeed House" (unpublished document). Geneva: Archives of the Aga Khan Award for Architecture, 1989.

"Three Intercontinental Hotels: Abu Dhabi; Al Ain, UAE; Cairo, Egypt". *Process Architecture*, No.89 (1987), pp. 120-124.
Thompson, Benjamin. "Abu Dhabi Inter-Continental Hotel". *Mimar: Architecture in Development*, No. 25 (Sept.1987), pp. 40-45.

"Solar Control". *Middle East Construction*, April 1981, pp. 49-54.

也门

Heinle, Wischer and Partners. Stuttgart (Compary Brochure), 1986.

英中建筑项目对照

1. Maidan-e-Hassan Abad, Tehran, Iran, c. arch. unknown

2. Palace of the Emir (Reconstruction into National Museum), Doha, Qatar, arch. unknown; reconstruction: arch. Michael Rice and Company

3. Seyh Zafir Complex, Besiktas, Istanbul, Turkey, arch. Raimondo D'Aronco

4. Central Post Office, Sirkeci, Istanbul, Turkey, arch. Vedat Tek

5. Hijaz Railway Station, Damascus, Syria, arch. Do Arendé

6. Qavam-os-Saltaneh House (now Abguineh Glass and Ceramics Museum), Tehran, Iran, arch. unknown; adaptation, arch. Hans Hollein

7. Fourth Vakif Hani, Bahçekapi, Istanbul, Turkey, arch. Kemalettin Bey

8. Harikzedegan Apartments, Laleli, Istanbul, Turkey, arch. Kemalettin Bey

9. Aal Al-Bait University, Baghdad, Iraq, arch. James Mollison Wilson

10. Azem Palace (reconstruction), Damascus, Syria, arch. Michel Ecochard (Shafiq al-Imam for the adaptation)

11. Sheikh Saeed House, Dubai, U.A.E., c. arch. Original builder unknown

12. Port Directorate Offices, Basrah, Iraq, arch. James Mollison Wilson, et al

13. Rockefeller Museum, Jerusalem, arch. Austen St.Barbe Harrison

14. Engel Apartment House, Tel Aviv, Israel, arch. Ze'ev Rechter

1. 哈桑-阿伯特广场，德黑兰，伊朗，建筑师：不详

2. 埃米尔宫（改建为国家博物馆），多哈，卡塔尔，建筑师：不详；重建设计者：M. 赖斯公司（英国伦敦）；M. 赖斯，A. 欧文以及卡塔尔公共工程处 A. A. 安萨里

3. 谢赫·扎非尔建筑群，伊斯坦布尔，土耳其，建筑师：R. 阿龙科

4. 中央邮政局，伊斯坦布尔，土耳其，建筑师：V. 台克

5. 希贾兹火车站，大马士革，叙利亚，建筑师：D. 阿兰德

6. 贾瓦姆·苏丹宅（现为玻璃陶瓷博物馆），德黑兰，伊朗，建筑师：不详；再利用设计：H. 霍莱茵

7. 瓦基夫汉尼四号楼，伊斯坦布尔，土耳其，建筑师：K. 贝伊

8. 火灾难民公寓，伊斯坦布尔，土耳其，建筑师：K. 贝伊；复原工程：土耳其伊斯坦布尔建筑与城市规划公司；E. 埃顿加

9. 阿尔贝特大学，巴格达，伊拉克，建筑师：J. M. 威尔逊

10. 阿色姆宫博物馆（改造），大马士革，叙利亚，建筑师：M. 埃考夏德与文物局；S. 伊马姆负责后继工作

11. 萨义德酋长府邸，迪拜，阿拉伯联合酋长国，建筑师：不详；复原工程：M. 马基亚事务所与市政府

12. 港监总部办公楼，巴士拉，伊拉克，建筑师：J. M. 威尔逊，F. 伊文斯

13. 洛克菲勒博物馆，耶路撒冷，建筑师：A. B. 哈里森

14. 恩格尔公寓，特拉维夫，以色列，建筑师：Z. 雷希特

15. Iran Bastan Museum, Tehran, Iran, arch. André Godard and Maxime Siroux

16. Parliament Building, Damascus, Syria, arch. unknown

17. Exhibition Hall (Transformed into the State Opera), Ankara, Turkey, arch. Sevki Balmumcu (Paul Bonatz for the opera)

18. Royal Mausoleum, Baghdad, Iraq, arch. G. B. Cooper

19. Schocken House, Offices and Library, Jerusalem, arch. Erich Mendelsohn

20. School for Orphans (now Technical School), Tehran, Iran, arch. Vartan Avanessian

21. National Museum, Damascus, Syria, arch. Michel Ecochard

22. Faculty of Humanities, Ankara University, Ankara, Turkey, arch. Bruno Taut

23. Khan Marjan (Restoration and Re-use), Baghdad, Iraq, arch. unknown; Department of Antiquities for the restoration; the State Organization of Building/Wijdan Mahir for the re-use

24. Hadassah University Medical Center, Mount Scopus, Jerusalem, arch. Erich Mendelsohn

25. Water Authority Building, Damascus, Syria, arch. Mohamad Ali Al Khayat

26. Hotel St. Georges, Beirut, Lebanon, arch. Jacques Poirrier, André Lotte, Georges Bordes and Antoine Tabet

27. Turkish Grand National Assembly, Ankara, Turkey, arch. Clemens Holzmeister

28. Faculty of Sciences and Literature, Istanbul University, Istanbul, Turkey, arch. Sedad Hakki Eldem and Emin Onat

29. Taslik Coffee House, Istanbul, Turkey, arch. Sedad Hakki Eldem

30. Railway Station, Baghdad, Iraq, arch. Wilson and Mason

31. Anadolu Club, Buyukada, Istanbul, Turkey, arch. Turgut Cansever and Abdurrahman Hanci

15. 伊朗巴斯坦博物馆，德黑兰，伊朗，建筑师：A. 戈达，M. 西鲁

16. 国会大厦，大马士革，叙利亚，建筑师：不详

17. 展览馆（改为国家歌剧院），安卡拉，土耳其，建筑师：S. 巴蒙楚

18. 王陵，巴格达，伊拉克，建筑师：G. B. 库珀

19. 肖肯住宅、办公室、图书馆，耶路撒冷，建筑师：E. 门德尔松

20. 孤儿学校（现为技术学校），德黑兰，伊朗，建筑师：V. 阿瓦内西安

21. 国家博物馆，大马士革，叙利亚，建筑师：M. 埃考夏德，H. 皮尔森

22. 安卡拉大学人文系馆，安卡拉，土耳其，建筑师：B. 陶特

23. 马利延汗，巴格达，伊拉克，建筑师：不详；复原工程：文物局；改变用途设计：国家建筑局 W. 马希尔

24. 哈达萨大学医学中心，耶路撒冷，建筑师：E. 门德尔松

25. 水利局大厦，大马士革，叙利亚，建筑师：M. A. A. 哈亚特

26. 圣乔治旅馆，贝鲁特，黎巴嫩，建筑师：J. 珀利尔，A. 洛特，G. 博德斯，A. 塔贝

27. 土耳其大国民议会，安卡拉，土耳其，建筑师：C. 霍尔兹迈斯特

28. 伊斯坦布尔大学科学与文学系馆，伊斯坦布尔，土耳其，建筑师：S. H. 埃尔旦，E. 奥纳特

29. 塔什勒克咖啡屋，伊斯坦布尔，土耳其，建筑师：S. H. 埃尔旦

30. 火车站，巴格达，伊拉克，建筑师：威尔逊与梅森事务所

31. 阿纳多卢俱乐部，伊斯坦布尔，土耳其，建筑师：T. 坎塞浮，A. 汉西

32. Hilton Hotel, Istanbul, Turkey, arch. Skidmore, Owings and Merrill et al.

33. Collège Protestant, Beirut, Lebanon, arch. Michel Ecochard et al

34. Pan-American Building, Beirut, Lebanon, arch. George Rais and Theo Kannan with Assem Salam

35. Hôpital du Sacré Coeur, Beirut, Lebanon, arch. Michel Ecochard with Henri Eddé

36. Hôtel Phoenicia, Beirut, Lebanon, arch. Edward Durell Stone with Rudolphe Elias and Ferdinand Dagher

37. Hebrew University Synagogue, Jerusalem, arch. Heinz Rau and David Reznik

38. United States Embassy, Baghdad, Iraq, arch. Sert, Jackson and Gourley

39. Sports Complex and Gymnasium, Baghdad, Iraq, arch. Le Corbusier

40. University of Baghdad, Baghdad, Iraq, arch. The Architects Collaborative (TAC)

41. Town Hall, Bat Yam, Israel, arch. Alfred Neumann, Zvi Hecker, and Eldar Sharon

42. Turkish Historical Society, Ankara, Turkey, arch. Turgut Cansever with Ertur Yener

43. Israel Museum, Jerusalem, arch. Al Mansfeld and Dora Gad

44. Al Khulafa Mosque, Baghdad, Iraq, arch. Mohamed Makiya

45. Middle East Technical University, Ankara, Turkey, arch. Behruz and Altug Çinici

46. Ministry of National Defense, Beirut, Lebanon, arch. André Wogenscky and Maurice Hindi

47. Maison de l'A, Beirut, Lebanon, arch. Bureau d'Etudes (CETA)

48. Social Security Complex, Zeyrek, Istanbul, Turkey, arch. Sedad Eldem

49. Sarkis Armenian Cathedral, Tehran, Iran,

32. 希尔顿酒店，伊斯坦布尔，土耳其，建筑师：SOM 事务所 G. 邦沙夫特，S. H. 埃尔旦

33. 基督新教学院，贝鲁特，黎巴嫩，建筑师：M. 埃考夏德，C. 勒瑟

34. 泛美大厦，贝鲁特，黎巴嫩，建筑师：G. 赖斯，T. 坎南，A. 萨拉姆

35. 圣心医院，贝鲁特，黎巴嫩，建筑师：M. 埃考夏德，H. 埃台，德·维莱达利，P. 萨迪；L'ATBAT 事务所

36. 腓尼基旅馆，贝鲁特，黎巴嫩，建筑师：E. D. 斯东，R. 埃里阿斯，F. 达格

37. 希伯来大学犹太教堂，耶路撒冷，建筑师：H. 劳，D. 雷兹尼克

38. 美国大使馆，巴格达，伊拉克，建筑师：舍特、贾克森与古尔利事务所；J. L. 舍特

39. 萨达姆·侯赛因体育馆，巴格达，伊拉克，建筑师：勒·柯布西耶，G. 普利桑特，A. 曼斯尼

40. 巴格达大学，巴格达，伊拉克，建筑师：协和事务所（TAC）；W. 格罗皮乌斯

41. 市政厅，巴特亚姆，以色列，建筑师：A. 诺伊曼，Z. 黑克尔，E. 夏隆

42. 土耳其历史学会大楼，安卡拉，土耳其，建筑师：T. 坎塞浮，E. 叶纳

43. 以色列博物馆，耶路撒冷，建筑师：A. 曼斯菲尔德，D. 迦德，等等（原方案，1975 年后扩建）

44. 胡拉法清真寺，巴格达，伊拉克，建筑师：M. 马基亚

45. 中东理工大学，安卡拉，土耳其，建筑师：B. 西尼契，A. 西尼契

46. 国防部综合楼，贝鲁特，黎巴嫩，建筑师：A. 沃琴斯基，M. 安迪

47. 手工艺馆，贝鲁特，黎巴嫩，建筑师：CETA 研究所；P. 尼玛，J. 阿拉克汀吉

48. 社会保障大楼，伊斯坦布尔，土耳其，建筑师：S. H. 埃尔旦

49. 亚美尼亚沙基斯教堂，德黑兰，伊朗，建筑师：

arch. Mirza Koutchek

50. Tobacco Monopoly Headquarters, Baghdad, Iraq, arch. Rifat Chadirji/Iraq Consult

51. Convalescent Home (re-adapted for a Hotel), Tiberias, Israel, arch. Arieh Sharon-Eldar Sharon and Associates

52. Conference Center and Hotel, Mecca, Saudi Arabia, arch. Rolf Gutbrod, et al

53. Museum of Contemporary Art, Tehran, Iran, arch. Kamran Diba, et al

54. The Kuwait Towers, Kuwait city, Kuwait, arch. Björn & Björn with VBB

55. Iran Center for Management Studies (now University of Imam Sadegh), Tehran, Iran, arch. Nader Ardalan

56. Turkish Language Society, Ankara, Turkey, arch. Cengiz Bektas

57. National Assembly Building, Kuwait, arch. Jörn Utzon

58. Office Complex for the Heir Apparent, Rifa'a, Bahrain, arch. Mohamed Makiya

59. Prototype Kindergarten, Sharjah, U.A.E., arch. Jafar Tukan and George Rais

60. Sief Palace Area Buildings, Kuwait city, Kuwait, arch. Reima and Raili Pietila

61. Shushtar New Town, Khuzestan, Iran, arch. Kamran Diba, et al

62. National Library and Cultural Centre, Abu Dhabi, arch. The Architects Collaborative (TAC)

63. Architecture School, University of Damascus, Damascus, Syria, arch. Mohamed Bourhan Tayara

64. Hajj Terminal, King Abdul Aziz International Airport, Jeddah, Saudi Arabia, arch. Skidmore, Owings and Merrill

M. 考特切克

50. 烟草专卖公司总部，巴格达，伊拉克，建筑师：伊拉克咨询公司；R. 查迪吉

51. 疗养院（现为旅馆），太巴列，巴勒斯坦，建筑师：A. 夏隆与 E. 夏隆事务所（原设计及改扩建设计）

52. 会议中心及旅馆，麦加附近，沙特阿拉伯，建筑师：R. 古特勃劳德，F. 奥托，H. 肯德尔，等等；奥雅纳设计公司

53. 当代美术馆，德黑兰，伊朗，建筑师：DAZ 建筑与规划事务所；K. 迪巴（原设计），A. J. 梅杰与 N. 阿达兰（扩展设计）

54. 科威特水塔，科威特市，科威特，建筑师：VBB 事务所；M. 布约恩，等等

55. 伊朗管理研究中心（现为伊玛目萨迪格大学），德黑兰，伊朗，建筑师：曼荼罗事务所；N. 阿达兰

56. 土耳其语言学会，安卡拉，土耳其，建筑师：贝克塔斯参与性设计所；C. 贝克塔斯

57. 国民大会堂，科威特市，科威特，建筑师：J. 伍重

58. 王储办公总部，里法，巴林，建筑师：M. 马基亚事务所；M. 马基亚

59. 幼儿园，沙迦及其他地方，阿拉伯联合酋长国，建筑师：赖斯与图坎事务所；G. 赖斯，J. 图坎

60. 西孚宫地区建筑群，科威特市，科威特，建筑师：雷马·皮蒂拉，拉伊利·皮蒂拉

61. 舒什塔尔新城，胡齐斯坦省，伊朗，建筑师：DAZ 建筑与规划事务所；K. 迪巴（主持），C. P. 萨贝瓦，等等

62. 国家图书馆与文化中心，阿布扎比，阿拉伯联合酋长国，建筑师：协和事务所（TAC）

63. 大马士革大学建筑系馆，大马士革，叙利亚，建筑师：M. B. 塔雅拉

64. 阿卜杜勒·阿齐兹国王国际空港朝圣候机楼，吉达，沙特阿拉伯，建筑师：SOM 事务所

65. Lassa Tyre Factory, Izmit, Turkey, arch. Dogan Tekeli and Sami Sisa

66. King Khaled International Airport, Riyadh, Saudi Arabia, arch. Hellmuth, Obata & Kassabaum (HOK) + 4 Consortium

67. Mayor's Office, Baghdad, Iraq, arch. Hisham Munir

68. Inter-Continental Hotel, Abu Dhabi, U.A.E., arch. Benjamin Thompson and Associates

69. Great Mosque, Kuwait city, Kuwait, arch. Makiya Associates

70. King Faisal Foundation, Riyadh, Saudi Arabia, arch. Kenzo Tange & Urtec

71. Hebrew Union College, Jerusalem, arch. Moshe Safdie and Associates

72. National Commercial Bank, Jeddah, Saudi Arabia, arch. Skidmore, Owings & Merrill, et al.

73. Al-Thawra Hospital, Sana'a, Yemen, arch. Heinle, Wischer and Partner

74. Al-Ghadir Mosque, Tehran, Iran, arch. Jahanguir Mazlum

75. Yarmouk University, Amman, Jordan, arch. Kenzo Tange Associates, et al.

76. East Talpiot Housing Development, Jerusalem, arch. Yakov Rechter-Amnon Rechter

77. Ministry of Foreign Affairs, Riyadh, Saudi Arabia, arch. Henning Larsen

78. Abi Nawas Development, Baghdad, Iraq, arch. Planar, and Skaarap & Jespersen

79. Qatar University, Doha, Qatar, arch. Kamel El Kafrawi

80. Central Bank of Iraq, Baghdad, Iraq, arch. Dissing + Weitling

81. French Cultural Centre, Damascus, Syria, arch. José Oubrerie, et al.

82. Al-Kindi Plaza, Riyadh, Saudi Arabia, arch. BEEAH Group

65. 拉撒轮胎厂，伊兹米特，土耳其，建筑师：D. 特克里，S. 西萨

66. 哈莱德国王国际空港，利雅得，沙特阿拉伯，建筑师：HOK 事务所与某四人小组

67. 市长办公楼，巴格达，伊拉克，建筑师：H. 莫尼尔

68. 洲际旅馆，阿布扎比，阿拉伯联合酋长国，建筑师：BTA 事务所

69. 大清真寺，科威特市，科威特，建筑师：M. 马基亚事务所

70. 费萨尔国王基金会，利雅得，沙特阿拉伯，建筑师：丹下健三；Urtec 事务所

71. 希伯来联盟学院，耶路撒冷，建筑师：M. 赛夫迪事务所

72. 国家商业银行，吉达，沙特阿拉伯，建筑师：SOM 事务所

73. 阿塔拉医院，萨那，也门，建筑师：海因勒；维舍事务所

74. 加迪尔清真寺，德黑兰，伊朗，建筑师：J. 马兹伦

75. 耶尔穆克大学，安曼，约旦，建筑师：丹下健三事务所与 J. 图坎事务所

76. 东塔皮奥特集合住宅，耶路撒冷，建筑师：Y. 雷希特，A. 雷希特

77. 外交部，利雅得，沙特阿拉伯，建筑师：H. 拉森

78. 阿比·努瓦斯住宅开发，巴格达，伊拉克，建筑师：普拉纳、斯科鲁普与耶斯佩森事务所；A. 阿尔－拉迪，N. O. 艾哈迈德，P. 莫克

79. 卡塔尔大学，多哈，卡塔尔，建筑师：K. 卡夫拉维

80. 伊拉克中央银行，巴格达，伊拉克，建筑师：迪辛与威特林事务所

81. 法兰西文化中心，大马士革，叙利亚，建筑师：J. 乌布雷里，K. 卡拉乌卡杨，等等

82. 金迪广场，利雅得，沙特阿拉伯，建筑师：BEEAH集团顾问事务所；A. 舒艾比（主持人），A. R. 侯赛尼

83. The Spiral, Ramat Gan, near Tel Aviv, Israel, arch. Zvi Hecker

84. National Museum, Manama, Bahrain, The Gulf, arch. Krohn & Harting Rasmussen

85. Demir Holiday Village, Bodrum, Turkey, arch. Turgut Cansever

86. Faculty of Engineering, Imam Khomeini University, Qazvim, Iran, arch. Bavand Consulting Architects & Planners

87. Jolfa Residential Complex, Isfahan, Iran, arch. Tajeer Architects

88. Grand National Assembly Mosque, Ankara, Turkey, arch. Behruz and Can Çinici

89. Justice Palace and Mosque, Riyadh, Saudi Arabia, arch. Rasem Badran Associates

90. Corniche Mosque, Jeddah, Saudi Arabia, arch. Abdel Wahid El-Wakil

91. French Embassy, Muscat, Oman, arch. Architecture Studio

92. Etisalat Headquarters, Abu Dhabi, U.A.E., arch. Arthur Erickson Associates with NORR Consult

93. Supreme Court Building, West Jerusalem, arch. Ada Karmi-Melamede and Ram Karmi

94. Sabah Medya Plaza, Istanbul, Turkey, arch. Mehmet Konuralp

95. Central Meat, Fish, Fruit and Vegetable Market, Abu Dhabi, U.A.E., arch. Planar and Skaarap & Jespersen

96. Museum, Dubai, U.A.E., arch. Mohamed Makiya

97. Chamber of Commerce and Industry, Dubai, U.A.E., arch. Nikken Sekkei, et al

98. Salem House, Beirut, Lebanon. arch. George Arbid and Fadlallah Dagher

99. Dikmen Bridge, Ankara, Turkey, arch. Studio 14, et al

100. City Hall, Amman, Jordan, arch. Jafar Tukan & Partners, et al

83. 螺旋公寓，拉马特甘，以色列，建筑师：Z. 黑克尔事务所

84. 国家博物馆，麦纳麦，巴林，建筑师：克龙、哈廷与拉斯穆森事务所（KHRAS）；K. 霍尔舍，S. 阿克塞尔松，等等

85. 德米尔假日村，博德鲁姆，土耳其，建筑师：T. 坎塞浮，E. 厄云，M. 厄云，F. 坎塞浮

86. 霍梅尼大学工程系，加兹温，伊朗，建筑师：巴旺德事务所

87. 乔尔发住宅区，伊斯法罕，伊朗，建筑师：塔耶尔事务所

88. 国民大会堂清真寺，安卡拉，土耳其，建筑师：B. 西尼契，C. 西尼契

89. 司法宫与清真寺，利雅得，沙特阿拉伯，建筑师：S. 巴德朗事务所（sba）；R. 巴德朗

90. 悬崖清真寺，吉达，沙特阿拉伯，建筑师：A. W. 厄·瓦基尔

91. 法国大使馆，马斯喀特，阿曼，建筑师：建筑设计室

92. 电讯公司总部，阿布扎比，阿拉伯联合酋长国，建筑师：A. 埃里克森事务所与 NORR 咨询师事务所

93. 高等法院，西耶路撒冷，建筑师：A. 卡米－梅拉梅德，R. 卡米

94. 沙巴广场，伊斯坦布尔，土耳其，建筑师：M. 孔努拉普

95. 中央鱼肉、果品、蔬菜市场，阿布扎比，阿拉伯联合酋长国，建筑师：普拉纳、斯科鲁普与耶斯佩森事务所；A. 阿尔－拉迪，N. O. 艾哈迈德，P. 莫克

96. 迪拜博物馆，迪拜，阿拉伯联合酋长国，建筑师：M. 马基亚

97. 商会，迪拜，阿拉伯联合酋长国，建筑师：日建设计；L. H. 布克尔

98. 萨拉姆私宅，贝鲁特，黎巴嫩，建筑师：G. 阿比德，F. 达格尔

99. 迪克曼桥，安卡拉，土耳其，建筑师：第 14 创作室

100. 市政厅，安曼，约旦，建筑师：J. 图坎事务所；J. 图坎，S. 巴德朗

后记

张钦楠

　　本丛书是中国建筑学会为配合1999年在中国北京举行第20次世界建筑师大会而编辑，聘请美国哥伦比亚大学建筑系教授K.弗兰姆普敦为总主编，中国建筑学会副理事长张钦楠为副总主编，按全球"十区五期千项"的原则聘请12位国际知名建筑专家为各卷编辑以及80余名各国建筑师为各卷评论员，通过投票程序选出20世纪全球有代表性的建筑1000项，以图文结合的方式分别介绍。每卷由本卷编辑撰写综合评论，评述本地区建筑在20世纪的演变与成就，并由评论员分工对所选项目各作几百字的单项文字评述，与精选图照配合。中国方面聘请关肇邺、郑时龄、刘开济、罗小未、张祖刚、吴耀东等为编委配合编成。

　　中国建筑工业出版社于1999年对此项目在人力、财力、物力方面积极投入，以王伯扬、张惠珍、董苏华、黄居正等编辑负责，与奥地利斯普林格出版社紧密合作，共同出版了中文、英文的十卷本精装版。丛书首版面世后，曾获得国际建筑师协会（UIA）届米建筑理论和教育荣誉奖、国际建筑评论家协会（CICA）荣誉奖以及我国全国科技一等奖和中国出版政府奖提名奖。

国际建筑评论家协会（CICA）对本丛书的评论是："这部十卷本的作品是对全世界当代建筑的范围广阔的研究，把大量的实例收集在一起。由中国建筑学会发起，很多人提供了评论文字。它提供了一项可持久的记录，并以其多样性、质量、全面性受到嘉奖。这确实是一项给人印象深刻的成就。"

　　按照原协议及计划，这套丛书在精装本出版后，将继续出版普及的平装本，但由于各种客观原因，未能实现。

　　众所周知，20世纪世界建筑发生了由传统转为现代的巨大改变，其历史意义远超过了一个世纪的历史记录，生活·读书·新知三联书店有鉴于本丛书的持久文化价值，决定出版中文普及版。此次中文普及版，是在尊重原版的基础上，做了适当的加工与修订，但原"十区"名称中有个别与现今名称不同，保留原貌，以呈现历史真实。此次全面修订出版时，原书名《20世纪世界建筑精品集锦》改为《20世纪世界建筑精品1000件》。希以更好的面目供我国建筑师、建筑学界的师生、广大文化界人士来阅读、保存与参考。

2019年8月29日

图书在版编目（CIP）数据

20 世纪世界建筑精品 1000 件 . 第 5 卷，中、近东／（美）K. 弗兰姆普敦总主编；
（美）H.U. 汗本卷主编；李德华译 . 一北京：生活·读书·新知三联书店，2020.9
ISBN 978－7－108－06779－1

Ⅰ . ① 2… Ⅱ . ① K… ② H… ③ 李… Ⅲ . ①建筑设计－作品集－世界－现代
Ⅳ . ① TU206

中国版本图书馆 CIP 数据核字（2020）第 137977 号

责任编辑　唐明星
装帧设计　刘　洋
责任校对　曹忠苓
责任印制　宋　家
出版发行　生活·讀書·新知 三联书店
　　　　　（北京市东城区美术馆东街 22 号 100010）
网　　址　www.sdxjpc.com
经　　销　新华书店
印　　刷　北京图文天地制版印刷有限公司
版　　次　2020 年 9 月北京第 1 版
　　　　　2020 年 9 月北京第 1 次印刷
开　　本　720 毫米×1000 毫米　1/16　印张 27
字　　数　120 千字　图 598 幅
印　　数　0,001－3,000 册
定　　价　198.00 元

（印装查询：01064002715；邮购查询：01084010542）